日本の光・量子
テクノロジー開発
最前線

「超スマート社会」への挑戦

監修
尾木蔵人
三菱UFJリサーチ&コンサルティング

東洋経済新報社

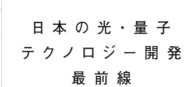

はじめに……11

第1章

戦略的イノベーション創造プログラム（SIP）の概要

■日本の国家プロジェクト「SIP」とは……16
■SIPの狙い――新しい枠組みへの挑戦……18
■SIPの運営構造……20
■SIP第2期の全体像……23

第2章

SIP「光・量子を活用したSociety 5.0実現化技術」の概要

■デジタルの力を駆使して人間中心の社会を実現する「Society 5.0」……30
■Society 5.0での実現を目指す新たな価値の事例……33
■Society 5.0を実現する「光・量子」技術とはどんなものか……36

■技術的成果を社会実装するための取り組み……42
■研究成果の社会実装を阻む「ダーウィンの海」……44
■海外の研究機関との積極的な連携……46
コラム　国際シンポジウムで明らかになったエコシステムの仕組み……47

第3章
研究開発拠点の研究成果と社会実装

インタビュー—1—東京大学
レーザー加工CPS開発でパラダイムシフトを実現する
■刃物では切れない材料もレーザー加工できれいに切断……59
■CPSによる飛躍的な生産性向上が日本の労働力不足解消の切り札に……61
■最適パラメータをサイバー空間で瞬時に見つけ出すCPS型レーザー加工……65
■AI学習でレーザー加工のCPS化を実現……68
■ものづくりのCPSを産業界でどう活用するかが重要なテーマ……73

■TACMIコンソーシアムを通じて始まった
レーザー加工CPSの社会実装……76
■CPSによる研究開発のリモート化が起こすパラダイムシフト……79

インタビュー―2― 浜松ホトニクス・宇都宮大学
レーザー加工を革新するデジタル光制御の開発
■「魔法の鏡」・SLMを使ってレーザーのビーム形状を自在に操作……82
■SLMの耐光性を向上させ、
最先端の高出力レーザーとの組み合わせを実現……85
■幅広い産業分野で望まれる高精度・高スループットな加工技術に対応……87
■海外研究機関からも高評価を受けるSLMによるビーム制御技術……90
■グローバルな社会実装を進めるための海外連携……94
■量子暗号や量子コンピュータなど他分野への応用も期待……98

インタビュー―3― 京都大学
フォトニック結晶レーザーがもたらす業界のゲームチェンジ
■既存の半導体レーザーのボトルネックを解消するPCSEL技術……103
■LiDARセンサーの革新でスマートモビリティを加速する……106
■PCSELを使った超小型レーザーシステムでスマート加工を実現……113

■フォトニクス半導体分野で日本は世界を席巻できる……116
■SIPプロジェクトを通じて国内外企業や研究機関と連携……118
■スケーラブルなレーザーである PCSELがゲームチェンジを引き起こす……121
■SIPにおける企業対応や技術的バックグラウンドが PCSELの社会実装を加速……123
■量子計算がPCSELの最適設計に貢献する……127

インタビュー―4―九州大学

九州半導体アイランド実現に向け 量子コンピューティングシステム研究センター設立

■SIP第2期に参画し、組織対応型連携を実現 〜新時代の産学連携のかたちとは〜……130
■AI導入によりデバイス製作を行わずに半導体製造プロセスの評価が可能に……133
■九州大学の関連分野4センター連携による半導体メーカーとの「共創の場」づくり……135
■半導体工場での量子コンピューティング導入に向けイジングモデル定式化支援……140

インタビュー 5 NICT（国立研究開発法人情報通信研究機構）
量子コンピュータ時代の量子セキュリティ技術開発の重要性
■現在のインターネット上での暗号は
量子コンピュータの登場ですべて解読される……145
■世界最先端の秘匿データの伝送・保管を情報理論的安全に実現……148
■理論から実装まで一気通貫体制で取り組む
日本の量子セキュリティ技術の優位性……151
■SIP「光・量子」3課題が連携した画期的実証実験も行う……158
■量子セキュリティの国際標準化が必要な3つの理由……165
■多様な量子技術を取り込み
量子コンピュータ時代のインフラ構築へ……169

インタビュー 6 早稲田大学・慶應義塾大学
Society 5.0を実現する量子コンピューティング
■データ量の急増に対処するための2種類のアクセラレータ……173
■目的が異なる3種類の次世代アクセラレータ……176
■次世代アクセラレータを適材適所に使い分ける
「コデザイン」プラットフォームの導入……180

■人員シフト最適化をイジングマシンで実行するソフトウェア開発の実例……185

第4章

光・量子技術を社会に還元するCPSプラットフォーム

■異なる世界の知識をつなげる……192
■日本の大学・研究機関が「ダーウィンの海」を泳ぐ難しさ……194
■大学から「ファーストペンギン」が生まれない理由……197
■海外研究機関の研究開発連携モデル……204
■社会実装を支援するCPSプラットフォーム……210
■CPSプラットフォームの機能……213
■顧客・対象とする技術による戦略パターン……216
■グローバル企業のアウトカム表現例……219
■欧米企業が適用しているエコシステム……222
■今後の進め方とCPSプラットフォームの役割……224
■企業価値と競争力を高める拠点活用……226

第5章

関係者座談会

SIPを成功に導くための新たなマネジメント手法について

■光・量子プログラム運営における
プログラムディレクター（PD）の3点の工夫とは……232
■政府による「量子未来社会ビジョン」の発表と
ショーケースとしての光・量子プログラムの取り組み……237
■研究推進法人業務を初めて行ったQST・SIP推進室の創意工夫……239
■参加者が一丸となって課題に取り組める
マネジメントの実践が成果に表れる……246
■プログラムの最終目標は社会実装展開の
企業投資を引き出すこと……249
■光・量子プログラムの成果やノウハウを
第3期プログラムへつなぐために……254

おわりに――監修者から――……263

はじめに

次世代の高速計算機を使う量子コンピューティングや量子セキュリティ、最先端半導体を駆使する自動運転やスマート製造など、デジタル・トランスフォーメーションをめぐる最新のニュースを目にすることが多くなりました。

「今年のノーベル物理学賞は、〝量子テクノロジー〟の科学者たちが選ばれたらしい。これから、私たちの生活に関係があるのかな。」

「今、どんなビジネスチャンスがあるの？　そういえば、トヨタ自動車が〝量子計算〟を参考にした生産システムを導入したと、新聞に書いてあった。」

「量子コンピュータを使えるようになると、〝セキュリティ〟は大丈夫？」

「新しい車を買いたいのに、〝半導体〟不足ですぐに手に入らない。〝ＥＶ〟も海外で増えていると聞いたし、〝自動運転〟でも最先端の〝半導体〟や〝センサー〟が大事では？　自動車産業で日本は勝てるの？　そういえば、日本でも九州で半導体産業が盛り上がっていると聞いた。」

今、大学や研究所のトップ研究者たちによる日本の科学技術力復活への挑戦が、国家プロジェクトとして進められています。

〝スマート製造〟を狙った〝レーザー加工〟や、〝自動運転〟を加速する革新的な〝LiDAR《ライダー》センサー光源〟技術、〝量子セキュリティ〟や、〝量子コンピューティング〟をカバーするＳＩＰプロジェクト「光・量子を活用したSociety 5.0実現化技術」の最前線を、ビジネス書としてわかりやすく紹介すること。それが、この本の狙いです。

本書の第1章では、まず、このプロジェクトを支える日本の国家プロジェクトの仕組みをご紹介します。

第2章では、本書のテーマである「光・量子を活用したSociety 5.0実現化技術」プロジェクトの概要や、海外でのイノベーションギャップ克服の仕組み、エコシステムの活用例をご説明します。

第3章では、インタビュー形式で、生み出されたイノベーションや、企業との連携の仕組みづくりなど、日本を代表する研究者の生の声をお届けします。興味のあるテーマから読んでいただければと思います。

第4章では、イノベーションギャップ克服のための拠点づくり、プラットフォーム構想を提案しています。

そして、第5章では、このプロジェクトのマネジメントに携わるプログラムディレクター、サブプログラムディレクター、内閣府、文部科学省、研究推進法人・量子科学技術研究開発機構による座談会を収録しています。

この本は、ビジネスパーソンや企業経営者の方、大学や研究所で科学技術開発に取り組む研究者やこれからの日本を担っていく学生の方にもぜひ読んでいただきたいと思っています。

本書で、これからのビジネスや取り組みを考えるヒントを見つけていただければ幸いです。

第 1 章

戦略的イノベーション創造プログラム（SIP）の概要

本書で紹介する「光・量子を活用したSociety 5.0実現化技術」は、日本の国家プロジェクトである「戦略的イノベーション創造プログラム（SIP）」の一つである。まずはSIPがどのようなプロジェクトか、何を狙うのか、その概要や全体像を紹介する。

日本の国家プロジェクト「ＳＩＰ」とは

日本の成長戦略にとって、最も重要なカギを握るものは何でしょうか。

その一つは、世界をリードする科学技術イノベーションを生み出すことではないでしょうか。これは、日本の経済再生を考える際にも、持続的な経済成長を維持するためにも、根幹をなすものと考えられます。

日本企業が、競争力のある画期的な製品を開発するために、研究開発に注力する必要があることは、当然といえます。一方、それぞれの企業の努力だけでは、技術開発から製品開発までを一手に引き受けることは、容易ではありません。１社だけで、必要となる莫大な投資資金を負担することに、躊躇する企業も多いのではないでしょうか。そこで、企業だけで突破できない戦略的な国家プロジェクトが、日本経済や企業の成長を支える基盤として必要となります。

日本経済再生を狙って、２０１４年からスタートした日本で最大規模の戦略的な国家プロジェクトの一つが、「戦略的イノベーション創造プログラム」です。英語では、「Cross-ministerial Strategic Innovation Promotion Program」といい、これを略して

❶ SIP

総合科学技術・イノベーション会議が府省・分野の枠を超えて自ら予算配分して、基礎研究から出口（実用化・事業化）までを見据えた取り組みを推進

❷ PRISM
官民研究開発投資拡大プログラム
Public/Private R&D Investment Strategic Expansion PrograM

平成30年度に創設。高い民間研究開発投資誘発効果が見込まれる「研究開発投資ターゲット領域」に各省庁の研究開発施策を誘導し、官民の研究開発投資の拡大、財政支出の効率化等を目指す。

❸ MOONSHOT
RESEARCH & DEVELOPMENT PROGRAM

我が国発の破壊的イノベーションの創出を目指し、従来技術の延長にない、より大胆な発想に基づく挑戦的な研究開発（ムーンショット）を推進。野心的な目標設定の下、世界中から英知を結集し、失敗も許容しながら革新的な研究成果を発掘・育成。

図1　総合科学技術・イノベーション会議のイノベーション機能を発揮した3つの戦略的研究開発
出所：内閣府　SIP（戦略的イノベーション創造プログラム）2021パンフレット

SIP（エスアイピー）と呼ばれています。

この新しい政策は、内閣総理大臣、科学技術政策担当大臣のリーダーシップの下、日本の科学技術開発の司令塔ともいえる総合科学技術・イノベーション会議によって、日本の科学技術を俯瞰する立場から発表されました。

現在、「戦略的イノベーション創造プログラム」は、図1のとおり、日本の統合イノベーション戦略において、「官民研究開発投資拡大プログラム」「ムーンショット型研究開発制度」と共に、日本の国家プロジェクトの中の戦略的な研究開発として推進されています。

ＳＩＰの狙い――新しい枠組みへの挑戦

世界第3位の経済規模を維持してきた日本経済は、未曾有の高度成長、バブル崩壊、リーマンショック等、昭和・平成・令和の様々な局面を経験してきました。そして今、21世紀の新しい枠組みでの、強力な産業を求める声が上がっています。

日本経済再生を目指し、スタートしたこのＳＩＰによる新しい枠組みへの挑戦の特徴として、第1に、政府省庁横断の機動力のある国家プロジェクトの仕組みがつくられたことが指摘できます。

国家プロジェクトを担う、中央省庁を考えてみましょう。

大学等の研究機関や科学技術開発を統括する文部科学省、企業やエネルギー政策を統括する経済産業省と、それぞれ管轄する省庁は異なり、日本の政府組織は縦割りになっています。この縦割り政策は、日本の高度成長期ではうまく機能し、日本を当時世界第2位の経済規模にまで引き上げる牽引力にもなったと、指摘する声もあります。

その一方で、この縦割りの行政システムが、デジタル政策などの広い分野にまたがる政策・戦略を策定して、機動的に目標に向かって国レベルでプロジェクトを推進していく場合には、効率的に目標を実現していくことが難しいケースも指摘されるようになりました。この課題を克服する観点から、このＳＩＰ政策は、科学技術イノベーション創造のために、省庁の枠や旧来の枠を超えることを目指して創設されたと理解できます。

第２の挑戦は、アカデミアと呼ばれる大学や研究機関のノウハウを、産業界に展開するという視点です。これは、米国や欧州、アジア諸国等で、世界的に活発化している潮流で、応用研究や社会実装と呼ばれる分野です。

昨今では、世界の中での日本の大学や研究者の相対的なランキングが下がり、存在感が薄れているとの指摘もあります。

しかしながら、日本の大学や研究所からは、世界をリードしていける優秀な人材が多く輩出されているとの意見も内外から多く聞かれます。その優秀な人材やノウハウが、企業や産業界で有効活用される仕組みが不足していることが、課題なのです。

本書でご紹介するＳＩＰ第２期の「光・量子を活用したSociety 5.0 実現化技術」のプロジェクトは、この社会実装に正面から取り組んだショーケースとなっています。ぜひ、日本のトップ研究者たちやプロジェクトリーダー、研究推進法人の皆さんの挑戦に注目いただければと思います。

さらに、第３の挑戦として、このプログラムで生みだされた最先端の技術を、企業がビジネスに活用する仕組み、社会実装に取り組むことが挙げられます。これは、ＳＩＰ

による研究開発で生み出された科学技術を、企業が投資を行って製品化し、強力な産業を育成していく取り組みを指します。

省庁横断的な戦略的な国家プロジェクトを大学、研究機関が推進して、これに企業や産業界が連携して、自ら思い切った投資を行い、強力な経済成長を実現していく。このような日本の再成長のための企業による投資拡大を狙った国家プロジェクトの取り組みの仕組みは、産業界の立場を代表して経団連からも強い要望があったといわれています。

SIPでは、このような投資拡大を産官学連携のモデルを使って実現することを狙っています。大学や研究機関の研究・開発から企業による商品化・ビジネス化という出口までを迅速につないで、科学技術イノベーションを戦略的かつ強力に推進することを狙っているといえます。

SIPの運営構造

次に、SIPの運営体制についてご紹介します。

図2を見てください。

1　まず、総合科学技術・イノベーション会議が、社会的に不可欠で、日本の経済・産

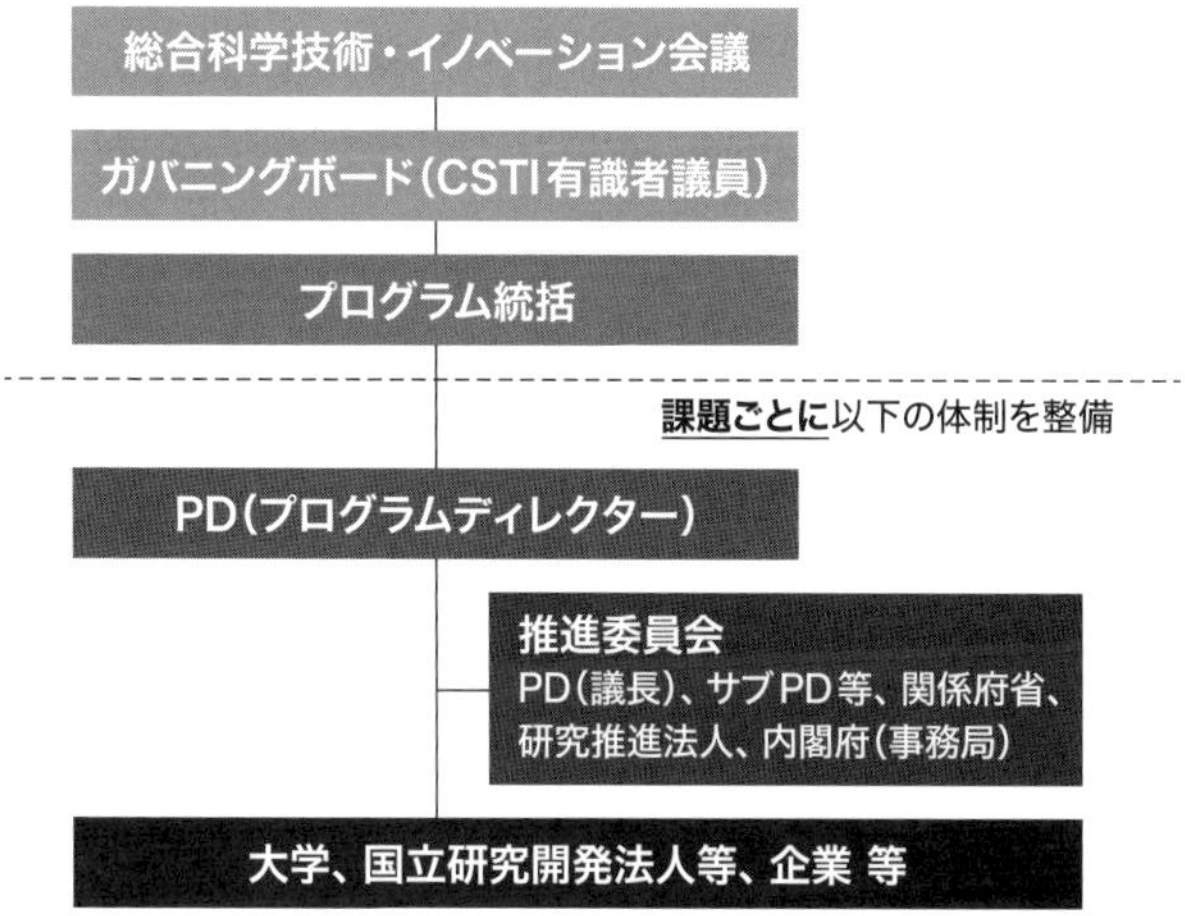

図2　SIPの運営構造　（内閣府　戦略的イノベーション創造プログラム（SIP）概要　抜粋）

業競争力にとって重要な課題を選定、予算を策定します。

それぞれの課題ごとにリーダーとなるプログラムディレクター（ＰＤ）は、最終的に総合科学技術・イノベーション会議によってトップダウンで選定され、内閣総理大臣により任命されます。

日本経済や日本企業の成長戦略に生かされる研究開発を実現するために、プログラムディレクターは、この研究分野を代表する専門家から任命されています。ここでは、企業や産業への知見を持つ民間企業出身者も多く選定されています。

本章末の表1に、現在進められているＳＩＰ12課題のプログラムディレクターを記載しています。産業界の深い知見を有して、ビジネスモデルに精通した多くの民間企業出身者が、ＳＩＰの推進にリーダーシップを発揮する体制になっているのではないでしょうか。

２　このプログラムディレクターは、府省を横断する視点からプログラムを推進する役割を担います。

このためにプログラムディレクターが議長、トップリーダーになり、関係府省等が参加する推進委員会を設置する形がとられていて、スムーズな産官学連携を実現できるよう工夫されています。

３　また、ガバニングボードが随時開催され、全課題に対する評価・助言が行われています。

また、２０１８年からプログラム統括という新しいポストが設置され、ガバニングボードの業務を補佐する形になりました。

このようなＳＩＰの運営体制を通じて、プログラムディレクターは、サブプログラムディレクターや研究推進法人等のサポートを得ながら、研究責任者や企業と連携し、基礎研究から実用化・事業化までを見据えて、一気通貫で研究開発を推進しています。

また、ＳＩＰ運営の特徴として、規制・制度、特区、政府調達なども活用し、国際標準も意識して、企業が研究成果を戦略的に活用しやすい知財システムをつくっていくことにも留意されています。

ＳＩＰ第２期の全体像

ＳＩＰは、５年のプロジェクト期間で運営されます。

２０１４年にスタートしたＳＩＰ第１期に続いて、現在は、２０１８年に開始されたＳＩＰ第２期の最終年度にあたります。

ＳＩＰ第２期が対象とする研究課題は、本章末の表1に記載した12のプロジェクトからなります。

各研究課題となったテーマをみると、多岐にわたる最先端分野への挑戦が行われていることがわかります。

中でも、昨今の世界的なエネルギー危機での活用が期待されるエネルギー需給最適化システムや、ビッグデータ・ＡＩを活用したサイバー空間基盤の確立、自動運転、スマート農業、スマート物流、ＡＩホスピタルの取り組みなど、最先端のデジタル・トランスフォーメーション（ＤＸ）技術を駆使して、様々な産業・生活分野への貢献を目指していることがわかります。

これを全体としてみると、ＳＩＰは、日本が２０１６年、世界に発信した「超スマー

図3　「スマート製造」のイメージ例
（画像/PIXTA）

ト社会」Society 5.0の実現に向けた取り組みと、理解することもできるのではないでしょうか。日本が目指すSociety 5.0について、今世界が改めて注目していることを含め、第2章でご紹介したいと思います。

本書では、次章以降、このSIP第2期プロジェクトの「光・量子を活用したSociety 5.0実現化技術」の具体的な取り組みや成果をご紹介していきます。

「光・量子」というと、あまり馴染みのない言葉、分野かもしれません。

しかし、その活用分野は、日本のこれからの企業成長や持続的な社会の維持にとても大切なものばかりであることがわかります。

今、このプロジェクトでは、最先端半導体の微細加工や3Dプリンターにも活用できる光・レーザー技術や、自動運転やロボットを進化させる革命的なＬｉＤＡＲセンサー光源、量子コンピュータ計算を導入した製造や物流の最適化・効率化、さらには、今後到来が見込まれる量子コンピュータ時代のセキュリティ技術など、多くの成果が生まれています。

「これらの最先端技術を、もしかしたら企業で活用して、世界的な競争力を高めることができるのではないだろうか？」という目線で、ぜひ本書を読み進めていただければと思います。

一方、大学の研究機関や関係者の方々にも、研究開発成果のノウハウを産業界に展開し、いかに社会実装を進めることができるのか、そのアプローチ手法やプロジェクトマネージメントの在り方について、参考にしていただける点も多いのではないかと、思います。

ＳＩＰの目的の一つである、社会実装への取り組みは、国内のみならずグローバル目線で進められています。この海外への社会実装への取り組みにもご注目いただければと思います。

表1　SIP第2期が対象とする12の課題【2018年度〜2022年度】

課題名	プログラムディレクター	実施内容	研究推進法人
ビッグデータ・AIを活用したサイバー空間基盤技術	安西祐一郎（公益財団法人東京財団政策研究所所長）	本分野における国際競争力を維持・強化するため、世界最先端の、実空間における言語情報と非言語情報の融合によるヒューマン・インタラクション基盤技術（感性・認知技術開発等）、分野間データ連携基盤技術、AI間連携基盤技術を確立し、社会実装する。	国立研究開発法人新エネルギー・産業技術総合開発機構（NEDO）
フィジカル空間デジタルデータ処理基盤	佐相秀幸（東京工業大学特任教授）	現場のセンサ情報などを収集・蓄積し、仮想空間と連携することで専門的なIT人材でなくても構築できるエッジプラットフォームに関する基盤技術を確立・社会実装し、IoTの導入がなかなか進まない分野や企業にまで利活用のすそ野が拡がるようにする。	国立研究開発法人新エネルギー・産業技術総合開発機構（NEDO）
IoT社会に対応したサイバー・フィジカル・セキュリティ	後藤厚宏（情報セキュリティ大学院大学学長）	セキュアなSociety 5.0の実現に向け、様々なIoT機器を守り社会全体の安全・安心を確立するため、IoTシステム・サービス及び中小企業を含む大規模サプライチェーン全体を守ることに活用できる『サイバー・フィジカル・セキュリティ対策基盤』を開発・実証するとともに、社会実装を推進する。	国立研究開発法人新エネルギー・産業技術総合開発機構（NEDO）
自動運転（システムとサービスの拡張）	葛巻清吾（トヨタ自動車（株）先進技術開発カンパニーFellow）	自動運転に係る激しい国際競争の中で世界に伍していくため、自動車メーカーの協調領域となる世界最先端のコア技術（信号・プローブ情報をはじめとする道路交通情報の収集・配信などに関する技術等）を確立し、一般道で自動走行レベル3を実現するための基盤を構築し、社会実装する。	国立研究開発法人新エネルギー・産業技術総合開発機構（NEDO）
統合型材料開発システムによるマテリアル革命	三島良直（国立研究開発法人日本医療研究開発機構理事長、東京工業大学名誉教授・前学長）	我が国の材料開発分野での強みを維持・発展させるため、材料開発コストの大幅低減、開発期間の大幅短縮を目指し、世界最先端の逆問題マテリアルズインテグレーション（性能希望から最適材料・プロセス・構造を予測）を実現・社会実装し、超高性能材料の開発につなげるとともに信頼性評価技術を確立する。	国立研究開発法人科学技術振興機構（JST）
光・量子を活用したSociety 5.0実現化技術	西田直人（（株）東芝特別嘱託）	Society 5.0を実現する上での極めて重要な基盤技術であり、我が国が強みを有する光・量子技術の国際競争力の優位をさらに向上させるため、光・量子技術の中から重要かつ優先度の高い、レーザー加工、光・量子通信、光電子情報処理を選定して世界最先端の研究開発を行い、社会実装する。	国立研究開発法人量子科学技術研究開発機構（QST）

課題名	プログラムディレクター	実施内容	研究推進法人
スマートバイオ産業・農業基盤技術	小林憲明（元キリンホールディングス（株）取締役常務執行役員）	我が国のバイオエコノミーの持続的成長を目指し、農業を中心とした食品の生産・流通からリサイクルまでの食産業のバリューチェーンにおいて、「バイオ×デジタル」を用い、農産品・加工品の輸出拡大、生産現場の強化（生産性向上、労働負荷低減）、容器包装リサイクル等の「静脈系」もターゲットとした環境負荷低減を実現するフードバリューチェーンのモデル事例を実証する。	国立研究開発法人農業・食品産業技術総合研究機構（NARO）
IoE社会のエネルギーシステム	柏木孝夫（東京工業大学特命教授、ゼロカーボンエネルギー研究所顧問）	Society 5.0時代のIoE（Internet of Energy）社会実現のため、エネルギー需給最適化に資するエネルギーシステムの概念設計を行い、その共通基盤技術（パワエレ）の開発及び応用・実用化研究開発（ワイヤレス電力伝送システム）を行うとともに、制度整備、標準化を進め、社会実装する。	国立研究開発法人科学技術振興機構（JST）
国家レジリエンス（防災・減災）の強化	堀宗朗（国立研究開発法人海洋研究開発機構付加価値情報創生部門部門長）	国家全体の災害被害を最小化するため、衛星、AI、多種多様な情報を活用し、災害の予測情報を生成・共有する国向けの避難・緊急活動支援統合システムと地域特性を入れた市町村向けの災害対応統合システムの構築等を行い、社会実装する。	国立研究開発法人防災科学技術研究所（NIED）
AI（人工知能）ホスピタルによる高度診断・治療システム	中村祐輔（国立研究開発法人医薬基盤・健康・栄養研究所理事長）	AI、IoT、ビッグデータ技術を用いた『Aiホスピタルシステム』を開発・構築することにより、高度で先進的な医療サービスの提供と、病院における効率化（医師や看護師の抜本的負担軽減）を実現し、社会実装する。	国立研究開発法人医薬基盤・健康・栄養研究所（NIBIOHN）
スマート物流サービス	田中従雅（ヤマト運輸（株）執行役員）	サプライチェーン全体の生産性を飛躍的に向上させ、世界に伍していくため、生産、流通、販売、消費までに取り扱われるデータを一気通貫で利活用し、最適化された生産・物流システムを構築するとともに、社会実装する。	国立研究開発法人海上・港湾・航空技術研究所（MPAT）
革新的深海資源調査技術	石井正一（日本CCS調査（株）顧問）	我が国の排他的経済水域内にある豊富な海洋鉱物資源の活用を目指し、我が国の海洋資源探査技術を更に強化・発展させ、本分野における生産性を抜本的に向上させるため、水深2,000m以深の海洋資源調査技術を世界に先駆けて確立・実証するとともに、社会実装する。	国立研究開発法人海洋研究開発機構（JAMSTEC）

生産性革命への貢献等を目指し、生産性の抜本的向上が必要な分野（農業、物流等）を含む、以上の12課題が選定されている。

（内閣府　戦略的イノベーション創造プログラム2021から三菱UFJリサーチ＆コンサルティングで作成）

参考資料

（内閣府パンフレット）
SIP（戦略的イノベーション創造プログラム）〜日本発の科学技術イノベーションが未来を拓く〜
2020年版、2021年版

（内閣府ホームページ）
戦略的イノベーション創造プログラム
https://www8.cao.go.jp/cstp/gaiyo/sip/index.html

第2章

SIP「光・量子を活用したSociety 5.0実現化技術」の概要

本プロジェクトが目指す「超スマート社会」＝Society 5.0とは何か。そしてそれを実現化するための最先端テクノロジーである「光・量子」とはどんな技術で、本プロジェクトでどのような研究開発・社会実装への取り組みが行われてきたのか、その概要を説明する。

デジタルの力を駆使して人間中心の社会を実現する「Society 5.0」

まず、このプロジェクトが目指す「Society（ソサエティ）5.0」をご存じでしょうか？Society 5.0とは、日本政府が世界に発信した次の時代のデジタル社会、「超スマート社会」のビジョンを指します。２０１６年、第５期科学技術基本計画で提唱されました。

この計画に記載されている内容をわかりやすく解釈すると、

「日本は、デジタル・ＩＣＴの力を最大限に活用し、サイバー（デジタル）空間と現実世界（フィジカル空間）を融合させる取り組みを行っていきます。そして、人々に豊かさをもたらす『超スマート社会』を未来社会の姿として共有します。世界に先駆けて『超スマート社会』を日本は実現していく方針です」

ということになります。

このビジョンは、その2年後に経団連会長となった故中西宏明氏（日立製作所会長）のリーダーシップの下、多くの日本の産官学有識者が議論を重ね、日本社会が目指す長期的なビジョンとして提言されました。その後日本政府、経済界や大学等の共通のコンセンサスになっています。

その特徴は、「人間中心の社会」にあります。

このビジョンの発表の後、日本でもＡＩブームが起こり、人工知能は、私たちの生活やビジネスで、身近なものになりました。さらに、今多くの企業や自治体が取り組むＤＸ（デジタル・トランスフォーメーション）によって、社会に大きな変化が生まれつつあります。そして、これからの最先端の科学技術やデジタル技術を駆使して実現する未来社会では、これらのデジタルの力を活用しつつ、「人々が快適で活力に満ちた質の高い生活を送ることができる人間中心の社会」をつくり上げるという考え方が説明されています。このビジョンは、人を大切にする日本の企業・社会文化からこそ、生まれたものといえるのかもしれません。

ちょうど同時期に、コンピューティング・パワーの拡大やＡＩの社会実装を受けて、日本と並ぶ製造大国である欧州・ドイツで「Industry 4.0」という産業政策が提唱されました。日本語では「第４次産業革命」と翻訳されることもあります。読者の中には、この概念を聞いたことがある方もいるかもしれません。この「Industry 4.0」と、日本の「Society 5.0」は、海外でも比較されることがあります。

日本発の「Society 5.0」が提唱する「人間中心の社会」。これを最先端のデジタル技術や科学技術が支え、実現するという考え方は、今欧州でも、ＳＤＧｓへの取り組みを背景に、重視され始めていると聞きます。日本が提唱するデジタル未来社会のビジョンが、

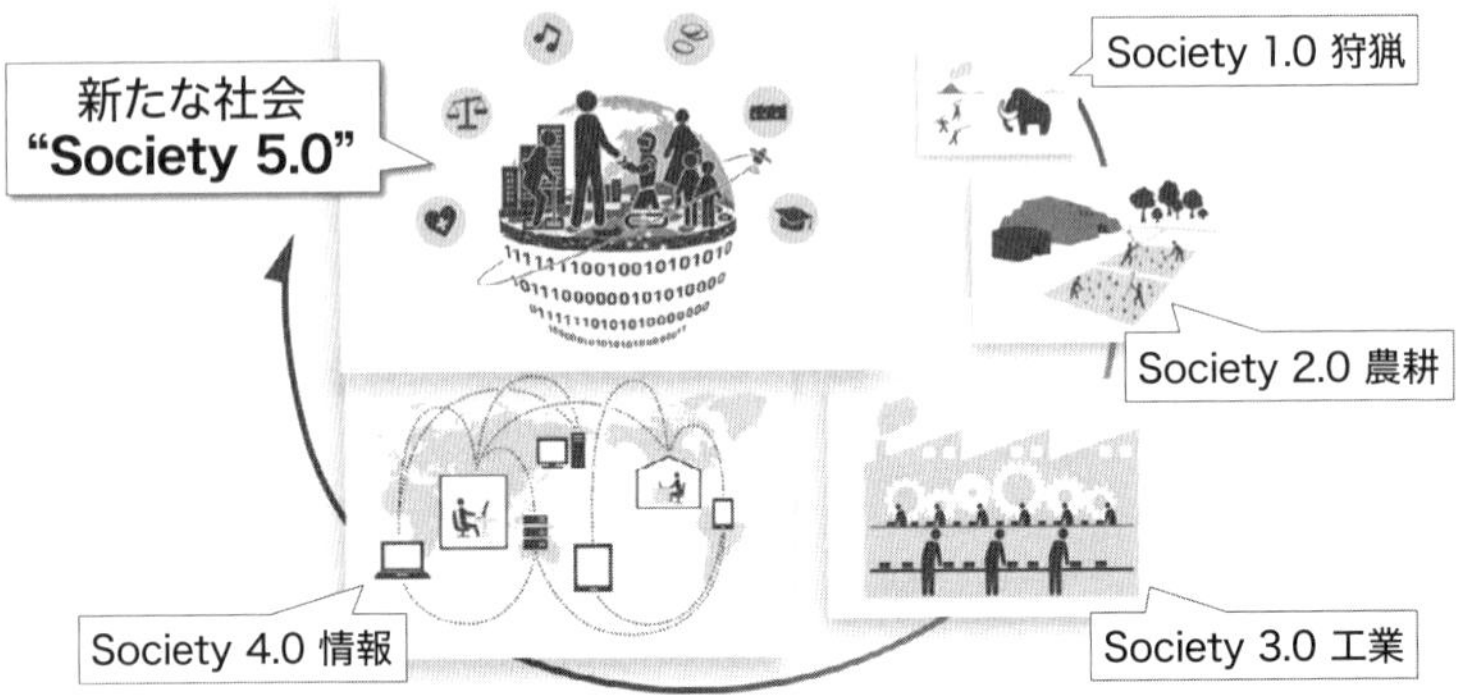

図1　新たな社会「Society 5.0」のイメージ
出所：内閣府ホームページ

先進的なものであることを示す例といえるのではないでしょうか。

最後に、Society 5.0の数字の部分、5・0とされる数字の意味についてご説明します。この5・0とは、5番目という意味。社会の発展プロセスを5つに分けて整理したものです。

図1を見てください。時間の流れで考えると、Society 5.0とは、狩猟社会（Society 1.0）、農耕社会（Society 2.0）、工業社会（Society 3.0）、情報社会（Society 4.0）に続く、新たな社会と整理されています。

Society 5.0での実現を目指す新たな価値の事例

図2を見てください。Society 5.0で目指す分野の具体的な事例を紹介します。

①【自動生産、AIやデジタル技術を活用した最適化された生産】

この最適なバリューチェーン・自動生産は、少子高齢化時代を迎えている日本の製造業を底支えする大切な社会の基盤になります。

工場で働く立場から考えると、人間の生産活動を支援するデジタル技術により、残業時間が減り、余暇を楽しむ時間が増えたり、有給休暇や産休・育休をデジタルの力で最適化されたシフトによって計画的に組むことができるようになり、労働環境の改善につながったりするといったメリットがあります。

本書でとり上げるSIPプロジェクトでは、デジタルと最先端のレーザー加工を自動最適化するプロジェクト等を通じて、日本発の世界最先端の生産システムを実現し、この分野への貢献を進めています。

②【自動運転やロボットを支えるテクノロジー】

自動車の運転支援システムは、私たちの身近な生活にも活用され始めています。今後、

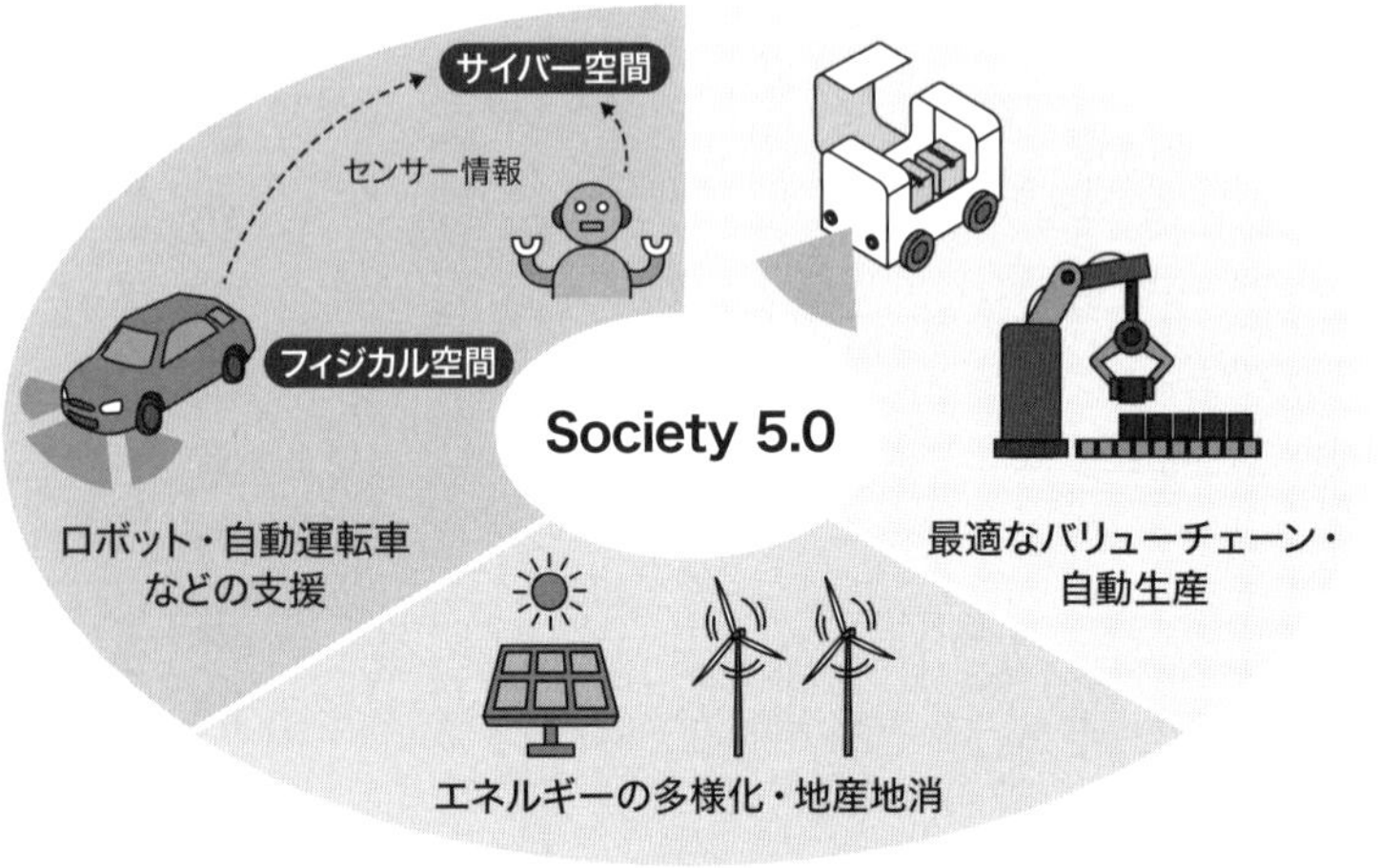

図2　Society 5.0で目指す分野の具体的な事例
（内閣府資料を参照し、三菱UFJリサーチ&コンサルティング作成）

スマートモビリティと呼ばれるデジタル技術を駆使したテクノロジーが、車の自動運転や、倉庫の自動搬送装置、ロボットなど様々な分野に浸透していくことが見込まれます。

そして、スマートモビリティ・自動運転技術を支える重要な技術に、ＬｉＤＡＲと呼ばれるセンサー技術があります。このＳＩＰプロジェクトでは、日本発のＬｉＤＡＲセンサーの革新的な光技術が、社会実装できるレベルまで開発され、世界の自動運転の実現を大きく後押ししようとしています。

③【エネルギーの多様化・地産地消】

次の事例は、エネルギーの多様化・地産地消です。これは、日本を初め世界が取り組むカーボンニュートラルへの取り組みや、ロシアのウクライナ侵攻をきっかけに世界的に広がるエネルギー危機を受けて、今改めて、私たちの重要な課題になっています。

このSIPで取り組みが行われている量子コンピューティング技術は、最適な組み合わせを、一気に解くことができる特徴をもっています。この技術が今後、さらに発展していけば、将来、天候による影響を受けて発電量が変化する再生可能エネルギーを、最適な需給バランスを見つけて、オフィス、工場、民間住宅などに届ける取り組みを、大きく後押しする可能性が指摘されています。

もう一つ、このSociety 5.0を推進していくために重要なポイントがあります。それは、半導体です。

例えば、これからの世界の自動車産業のテーマは、EV・電動化に加えて、運転支援システムや自動運転と考えられています。この自動運転を支える重要なテクノロジーが、半導体といえます。この半導体チップ性能は、今後の日本の自動車産業が世界的な競争力を維持していくためにも、大きな意味をもつものと思われます。

日本には、かつて世界最大の半導体シェアを握る半導体製造大国だった歴史があります。この半導体を、日本の産業バリューチェーンとして捉えると、半導体製造装置や素材等、世界トップクラスの技術を有する企業が今でも多くあります。さらに、半導体は、安全保障上の重要な製品として、生産技術を含め、産業としての重要性が増しています。

この分野では、このSIPプロジェクトで、半導体製造に欠かせない微細加工のレーザー技術のデジタル化、プラットフォーム化の取り組みが行われています。

Society 5.0を実現する「光・量子」技術とはどんなものか

Society 5.0について理解いただいたところで、ここからは、SIP第2期の「光・量子を活用したSociety 5.0実現化技術」のそれぞれの研究課題、テクノロジーをご説明します。

この章に続く第3章では、それぞれの研究開発者へのインタビューを通じて、イノベーション成果や社会実装への取り組み、企業への実用レベルでの橋渡しを目的とした拠点設立の苦労談等、生の声が紹介されています。

この章では、このプロジェクトを概観する形で、全体像をご説明したいと思います。

そもそも、SIP「光・量子を活用したSociety 5.0実現化技術」プロジェクトの「光・量子」とは、どのような最先端テクノロジーを指すのでしょうか?

これらのテクノロジーは、図3の右下にあるとおり、①レーザー加工、②光・量子通信、③光電子情報処理（量子コンピューティング）の分野があります。

図3の中央にあるCPS（サイバーフィジカルシステム）という言葉は、あまり聞きなれ

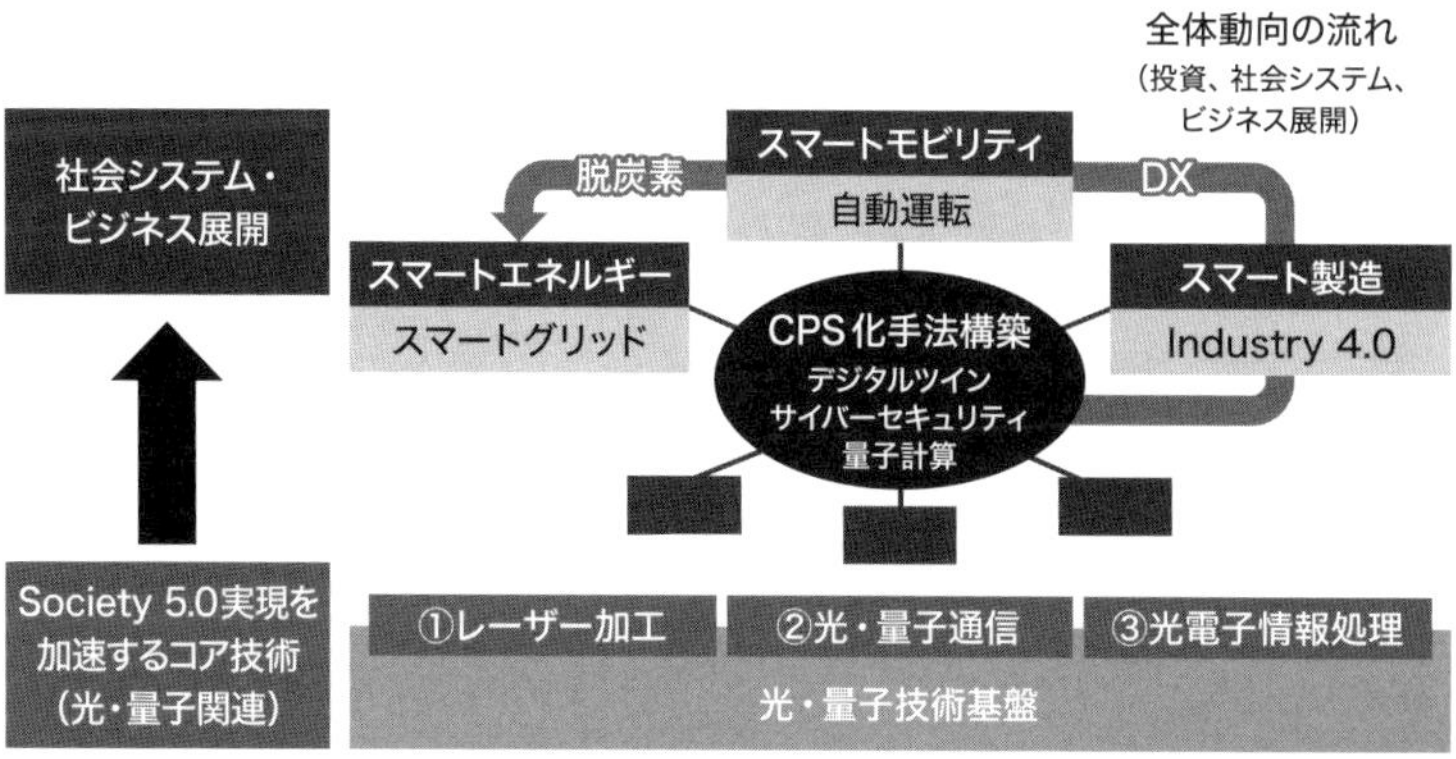

図3　CPS（Cyber Physical System）の構築
出所：量子科学技術研究開発機構

ないかもしれません。

サイバーとは、コンピュータを使ったデジタル仮想空間を指し、フィジカルとは、現実世界、例えば工場でいえばリアルな現場のことを指します。

現実世界の情報を、デジタルデータとして、クラウドやサーバーに情報として吸い上げ、AIやアルゴリズムなどのデジタルの力を活用して、一番効率的で速い、最適化された生産やサービスなどをスムーズに実現しようというものです。

このシステムを継続的に回転させることによって、フィジカル空間を豊かにする事例を作っていこうという取り組みを表しています。

この応用範囲は、図にあるとおり、スマート製造、スマートモビリティ、スマートエネルギー（カーボンニュートラルへの取り組み）への拡大が期待されています。これが、結果的に最初に説明したSociety 5.0の基盤技術になるという考え方を表しています。

光・量子技術の３つの分野、レーザー加工、光・量子通信、光電子情報処理（量子コンピューティング）のそれぞれについて、このＳＩＰプロジェクトでの研究・活動内容を紹介します。

①レーザー加工
このプロジェクトで挑戦が行われている光技術とは、世界最先端のレーザー加工技術を例題に、「ＡＩを駆使してＣＰＳ（サイバーフィジカルシステム）化を実現する取り組み」、「レーザー光のビーム形状を自由自在に制御できる魔法の鏡の開発」、「自動運転やロボットに活用できるＬｉＤＡＲセンサーの小型化、低価格化を実現する画期的な新センサー光源の開発」などからなります。

この分野の研究内容、テクノロジーを概観すると以下のようになります。

Ａ：ＣＰＳ型レーザー加工機システム研究開発

【東京大学】

スマート製造業の投資のボトルネックを解消することで、ＣＰＳ型レーザー加工によるネットワーク型製造システムを実現。ものづくりの生産性向上に貢献することを目指します。時間のかかったレーザー加工のパラメータを瞬時に見つけ出すことが可能になり、デジタル制御で動くレーザー加工機を変革。ＣＰＳによる飛躍的な生産性向上により、日本の労働力不足解消の切り札になることが期待されています。

【九州大学】

半導体製造、バリューチェーン拡大を支援するため、ワンストップソリューション提供を目指しています。また、量子コンピューティングシステム研究センターが設立され、半導体工場での量子コンピューティング導入に向け、モデル化等の実務支援を本格化。ＡＩ導入により、デバイス製作を行わずに、半導体製造プロセスの評価が可能になるなど、半導体製造プロセスの革新に取り組んでいます。

Ｂ：空間光制御技術開発

【浜松ホトニクス、宇都宮大学】

従来のレーザー加工の概念からブレイクスルーを起こし、多点同時加工や型抜き加工を実現します。
「魔法の鏡」とも呼ばれる空間光制御デバイスを使って、レーザーのビーム形状を自在に操作することが可能に。３Ｄプリンターへの応用も期待されています。製造業の加工プロセスの世界トップの生産性を目指して、レーザー加工市場シェアの奪還を図ります。

Ｃ：フォトニック結晶レーザー

【京都大学】

フォトニック結晶を使って、半導体レーザーに革新をもたらす技術を開発。従来の大出力大型レーザーに対して、超小型で省エネの半導体レーザーが実現する道を開きました。将来のスマート加工（小型レーザー加工システム）に向けた要素技術としても応用できることが期待されています。また、スマートモビリティへ向けた高性能センシングデバイスも開発。自動運転のボトルネックとされたＬｉＤＡＲセンサーの超小型化、低価格化に貢献することが期待されています。

②量子暗号通信（光・量子通信）

［NICT（国立研究開発法人情報通信研究機構）、学習院大学］

量子暗号技術を組み込んだ量子セキュアクラウド技術を開発。将来にわたって安全なデータ保管と利活用を実現する取り組みを行っています。

現在のインターネット上での暗号は、量子コンピュータの大規模化が進むと解読されると予想されています。これに対応可能な量子セキュリティ技術の開発、商品化を推進しています。

③光電子情報処理（量子コンピューティング）

［早稲田大学、慶應義塾大学］

量子アニーリングマシン等に代表されるイジング型コンピュータやＮＩＳＱデバイス、誤り耐性量子コンピュータなどの次世代アクセラレータと古典計算機を適材適所に組み合わせて、物流倉庫企業の人員シフト最適化など、産業界の最適化問題の解決に取り組んでいます。ＡＩと量子コンピューティングのハイブリッドで、Society 5.0の実現を目指しています。

技術的成果を社会実装するための取り組み

「光・量子を活用したSociety 5.0実現化技術」プロジェクトは、SIP第2期プロジェクトの12研究課題中、非常に高い評価を受けていて、SIPプロジェクトのモデルケースとも考えることができます。

この評価の背景には、研究・開発された技術レベルの高さに加えて、そのテクノロジーを社会実装するための取り組みや、拠点設立を通じたエコシステムづくり、海外市場アクセスのための海外研究機関等との連携の取り組みがあると思われます。

2021年に発表された日本の「第6期科学技術・イノベーション基本計画」では、「総合知の活用による社会実装」が織り込まれました。この社会実装とは、企業や産業の分野で、生み出された科学技術を実際に活用して、ビジネス展開する取り組みを指す、と説明されています。

これは、第1章でご紹介したように、「国家プロジェクトで生み出されたテクノロジーを、産業界で活用する仕組みを確立していくことが重要。この部分での変革を期待したい」という、経団連を初めとする経済界からの意見と、同じ方向性を示すものと理解できます。

SIPも国家プロジェクトを代表する取り組みです。この社会実装が重要である点は、議論の余地はないのではないでしょうか。

2021年のSIP紹介資料でも、このポイントについて、以下のように述べられています。

「これまでのSIPの取り組みでは、技術志向が強く、技術的成果が得られた事例が多い一方で、それらを社会実装するための具体策の検討については十分ではない面もありました。これからのSIPは、総合知を活用し、技術と人文・社会系の知見を合わせ、『本当にその技術が世の中のためになるのかどうか』『いかに世の中に受容してもらえるか』といったことをさまざまな角度から分析し、技術的成果の社会実装を進めていくことになります。」

この「光・量子を活用したSociety 5.0実現化技術」プロジェクトでは、世界最先端テクノロジーの開発と産業への活用を重視し、国内企業や海外研究機関との連携を加速、研究成果が事業化される点に注力し、企業からの理解や投資を生み出せるよう、粘り強い取り組みが行われたことが注目されます。

研究成果の社会実装を阻む「ダーウィンの海」

図4を見てください。

一般に、研究成果を実際のビジネスに展開して社会実装するまでのプロセスは容易ではありません。

日本のテクノロジーは、潜在的な能力を秘めた成果があったにもかかわらず、学術的な研究成果に留まってしまい、事業化に至らなかったり、海外の企業がグローバルな市場でビジネス化に成功したり、といった例が少なくないと指摘する声もよく聞かれます。

この社会実装を阻む最大のポイントは、大学や研究機関が開発したテクノロジーを、企業が活用したい技術領域にまで橋渡しを行う部分について、日本が必ずしも得意としてこなかったことにあります。

その背景には、「ものすごい科学技術成果を生み出すことができれば、人々が自然に集まってきて社会実装が進む」という、考え方があるのかもしれません。しかし現実には、企業側は、成果に加えて、研究機関から企業側への積極的な営業アプローチや橋渡しが前提と考えているため、両者の間には必然的にギャップが生じることが指摘されていま

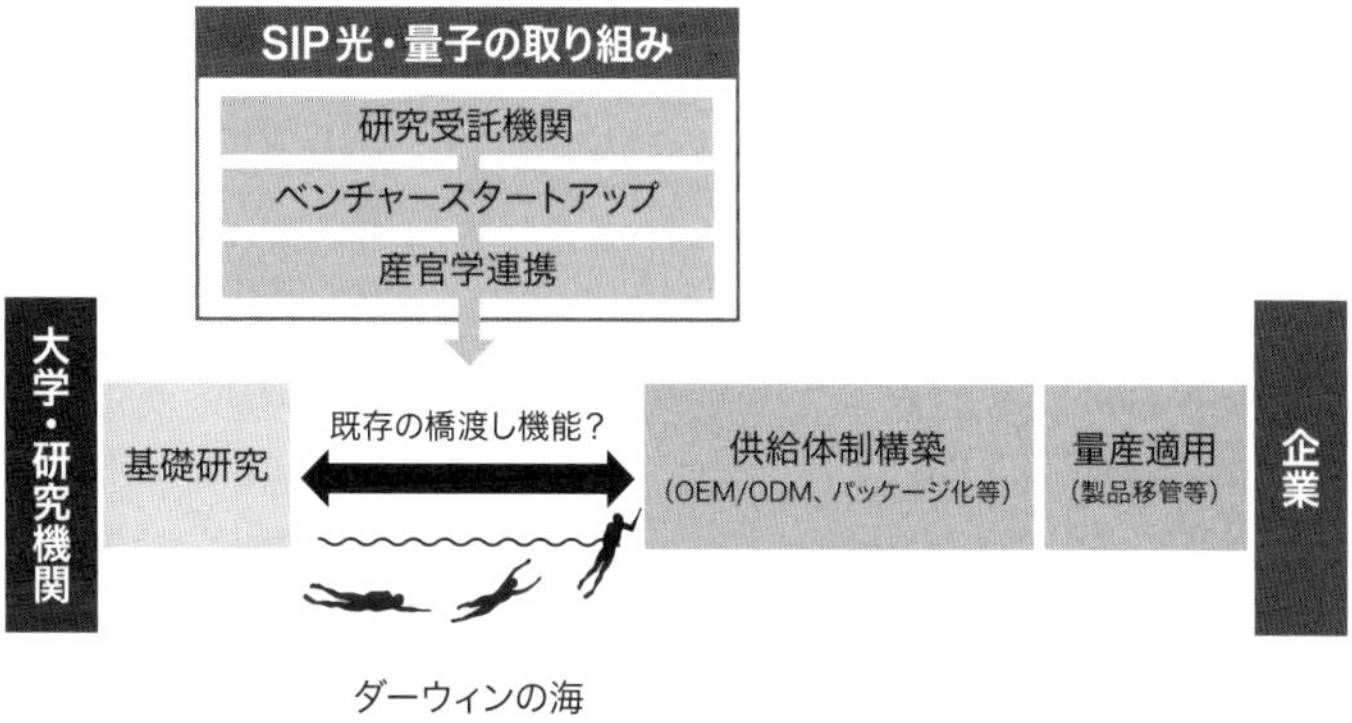

図4　研究成果の社会実装を阻む「ダーウィンの海」を渡るための橋渡し機能が不可欠
出所：量子科学技術研究開発機構

す。

このSIPプロジェクトでは、《大学や研究機関が開発したテクノロジー》と《企業が実際のビジネスや製造プロセスに使える技術領域》とのギャップを「ダーウィンの海」と呼んで、その克服に挑戦しています。この「ダーウィンの海」を泳ぎ切ってこそ、初めて研究成果の社会実装が実現するという考え方によるものです。

この拠点づくり、それぞれの拠点をつなぐ機能をもつプラットフォームの提言など、社会実装のための分析、提言について、本書第4章で、三菱UFJリサーチ&コンサルティングがまとめた概要が紹介されています。大学や研究機関の立場からの社会実装に取り組む方、企業の立場からビジネス領域に最先端の外部研究成果を取り込んで競争力を高めたいと考える方、それぞれの立場から、ぜひ、この提言をご一読いただければと思います。

海外の研究機関との積極的な連携

最後に、本プロジェクトが実施した海外市場へのテクノロジーの展開を目的とした海外連携について、ご紹介します。

日本経済の地盤沈下や、日本企業の給与水準が上がらない点について指摘する声が多く聞かれるようになりました。

経済規模からすれば、日本は、世界第3位のGDPをかろうじて保っています。

しかし、日本の家電、エレクトロニクス産業、半導体産業が世界で輝いた高度成長からバブル時代、日本はまさに輸出大国として、世界市場を席捲したことにより、高い経済成長を実現しました。今後の日本の経済成長、再興を考えるうえで、日本発の科学技術をグローバル市場に展開して、日本企業の成長に結びつけていくことは、とても重要なポイントとなるはずです。

そのためには、海外の連携機関、エコシステムをうまく活用する必要があります。

この海外連携の一環として、本プロジェクトでは、それぞれの技術成果の活用が期待できる応用分野について、海外の応用研究機関であるドイツのフラウンホーファー研究機構ＩＷＳ研究所、オランダの応用研究所ＴＮＯ（オランダ応用科学研究機構）、台湾の応用研究所ＩＴＲＩ（工業技術研究院）に、技術調査・分析を委託しました。

このベンチマーク結果を基に、海外の応用研究所等とのスムーズなコミュニケーション能力も蓄積され、連携も開始されています。海外ミッションの組成や海外研究機関との積極的な連携が行える実力を備えてきていると考えられます。

コラム

国際シンポジウムで明らかになったエコシステムの仕組み

２０２２年10月、東京都内で、「光・量子を活用したSociety 5.0 実現化技術」をテーマにした国際シンポジウムが開催されました。

科学技術の社会実装で世界的に評価の高いドイツ、オランダ、台湾の応用研究所や産業クラスター幹部が来日し、シンポジウムに直接登壇しました。

会場でのリアル参加とオンライン参加の申し込み数は、国内外から1000人を超え、会場は、熱気につつまれていました。オランダからは、量子、光工学、ナノ・イノベーションミッションがこのシンポジウムに合わせて30人超で来日し、本シンポジウムに直接参加する熱の入りようです。

シンポジウムの内容は、まず、主催者である内閣府、量子科学技術研究開発機構からの挨拶、プログラムディレクター、サブプログラムディレクターからのシンポジウムプログラムの解説に続いて、SIPの研究開発成果や、社会実装、企業による活用の橋渡しを目指す拠点活動の紹介が前半のプログラムで行われました。この内容は、本章に続く、第3章に詳しく説明されているので、ぜひご覧になってください。

このパートで特徴的だったのは、「研究開発で生み出されたテクノロジー、イノベーションをぜひ、企業で活用してほしい。そのために、大学や研究機関側からこのような拠点を作って、このような分野での活用を相談していきたい」という考え方を、具体的な事例を使ってわかりやすく説明して、企業へテクノロジーの活用やエコシステムへの参加を呼びかけていたことです。

このプロジェクトに参加している研究開発者は、日本を代表する大学、研究所の第一

国際シンポジウム集合写真

人者の方々。そのアカデミア側の皆さんが、シンポジウムに参加した企業の方々に呼びかけ、手を動かして企業との連携を提案している姿は、これからの日本のエコシステムの可能性を示すものとして大いに注目されました。

シンポジウム後半では、ドイツ、オランダ、台湾から7人の基調講演が行われました。

トップバッターは、日本と並ぶ世界の製造大国ドイツです。ドイツは、日本と並んで自動車産業や工作機械、化学産業をはじめとする分野で世界をリードしてきました。エネルギーを持たず、海外から輸入している点も日本と同じです。ドイツは、科学技術開発をいかに企業のビジネスに展開するかという点で、フラウンホーファー研究機

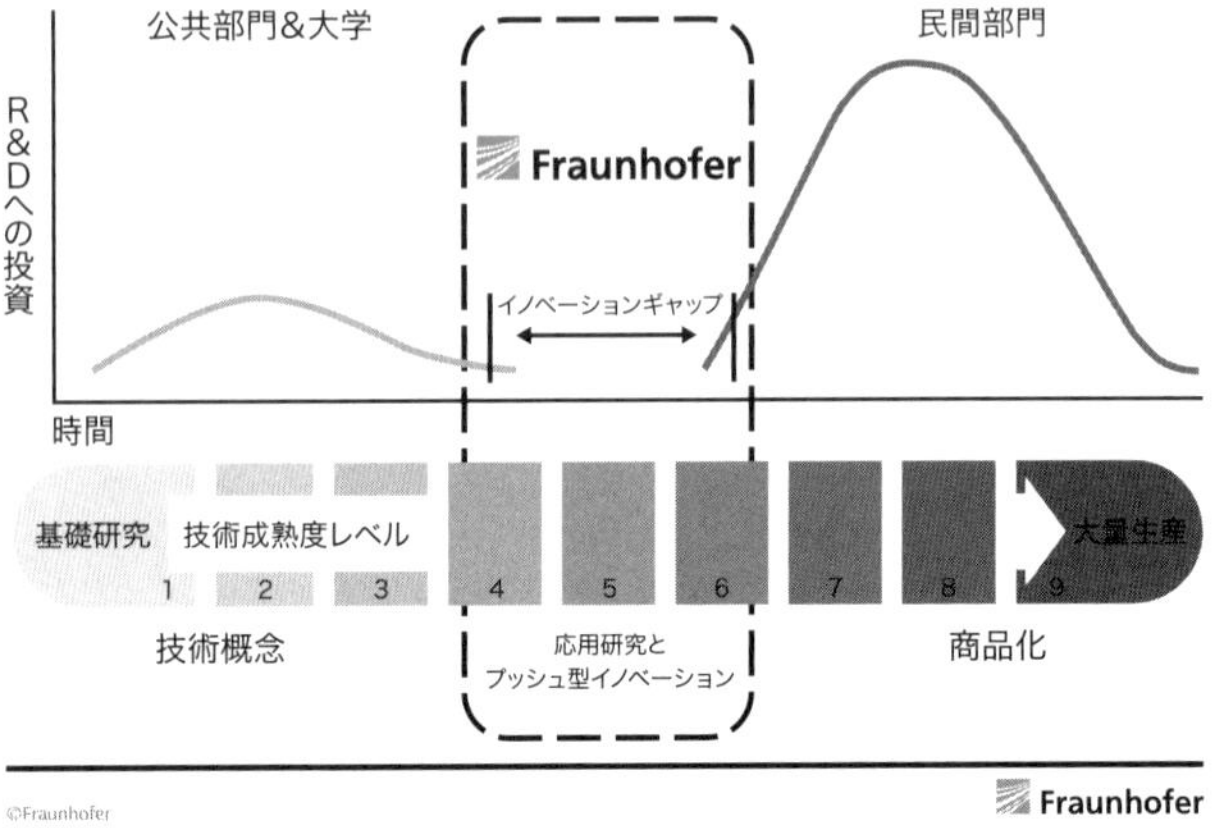

図5　「イノベーションギャップ」を橋渡しするフラウンホーファーモデル
出所：フラウンホーファー研究機構　（SIP国際シンポジウム　フラウンホーファーIWS研究所発表資料の日本語版）

構という特徴的な応用研究機関をもっています。

この応用研究機関は、ドイツ全域に76の研究所・研究施設を構え、約3万人のスタッフを擁する欧州最大の応用研究機関として知られています。

フラウンホーファー研究所の講演説明スライドである図5を見てください。

世界各国が、そのモデルを研究したとされる「フラウンホーファーモデル」の特徴を説明したものです。

ポイントは、大学等が行った研究開発と、企業などの民間部門が行う商品化、大量生産への橋渡しを行うこと、イノベーションギャップを埋めることを自らの役割として運営されていることです。

この仕組みは、このSIPプロジェクト

が目指しているお手本ともいえるモデルで、これがドイツ全域、3万人規模で行われていることは驚きです。

基調講演でこのスライドを説明したフラウンホーファー研究機構IWS研究所レゾン教授によると、この研究所の6人の幹部は、地元ドレスデン工科大学の教授も兼任しているとのこと。研究所職員の280名に加えて、契約ベースの地元大学生が何と約200人、同研究所で企業との応用研究プロジェクトに有償で参加しているとの説明がありました。

このSIPプロジェクトでも、京都大学の新しいレーザー光を使ったL i DAR開発が、フラウンホーファー研究機構IMS研究所他と推進されていることの説明がありました。また、浜松ホトニクス、宇都宮大学の研究分野でも、フラウンホーファーとの連携が活発化しています。

レゾン教授

次に登場したのがオランダです。
オランダは、経済面でEUのリーダーともいえるドイツ、フランスのバランサーとして、英国（UK）のEU離脱に伴って、その存在感が増しています。
日本から見るとわかりにくいのですが、EUの人口は約4億5000万人、アメリカや中国のGDPに匹

スウェールス副長官

敵する経済圏です。この市場へのアクセスを目的とした連携先として日本でも今後注目されていくのではないでしょうか。

　オランダの特徴は、〝エコシステム〟と呼ばれる経済クラスターにあります。このエコシステムは、オランダが重視する産業のスタートアップ企業を支援し、オランダ国内外の複数のサプライチェーンをフレキシブルにつなぐ仕組みをもっていて、世界トップクラスの機動力を発揮するとも言われています。

　例えば、大手半導体露光装置メーカーとして知られるＡＳＭＬは、オランダ発企業で、グローバルなエコシステムの活用が世界市場を押さえた背景と指摘する声も聞きます。

　訪日ミッションの団長であるオランダ経済気候政策省のスウェールス副長官からは、２０２１年から5年間投入される国家成長ファンドを使って、量子とフォトニクス（光工学）分野に積極的に資金を投入するとの説明がありました。

　半導体製造の分野で拡大が見込まれるレーザー光等のフォトニクスのクラスター・フォトンデルタに、４億７１００万ユーロ（約６９１億円）、量子分野のクラスター・クオンタム（量子）デルタに6億１５００万ユーロ（約９０２億円）の支援が決定したとのこと。

京都大学・フォトンデルタMOU調印式
写真提供：オランダ大使館

この政府支援を活用して、スタートアップ企業を育成し、大学と企業が連携する２大クラスターが主体となって産業育成、大学での人材育成に取り組むとのことです。

また、フォトンデルタ・ロース会長からは、ＳＩＰプロジェクトメンバーである京都大学と、今回の来日時にＭＯＵが締結されたことについても紹介が行われました。

最後に登場したのが、台湾の応用研究所ＩＴＲＩ（工業技術研究院）です。

半導体ファウンドリーとして世界トップシェアをもち、最先端のナノレベルの微細加工技術をもつＴＳＭＣが、九州熊本県に工場進出することは、半導体産業が安全保障上重要な意味をもつ現在、日本でも大いに注目されています。

この進出に伴って、台湾の半導体クラスターと日本の半導体クラスターとの連携を目指しているのが、ＩＴＲＩです。

ＩＴＲＩは、社会実装モデルとして、「スタートアップ企業を設立し、企業がこれに投資する出口戦略」を持つ応用研究所です。ＴＳＭＣは、かつてＩＴＲＩ発のスタートアップとして誕生したことは、日本ではあまり知られていません。実は、ＩＴＲＩが、ＴＳＭＣを育成し、支えてきたブレーンとも目されているのです。

台湾では、得意とする半導体分野に加えて、世界的なエレ

ITRI　楊日本事務所駐日代表

TSMC本社（写真：AP/アフロ）

クトロニクス企業であるホンハイ・グループが、EV製造に乗り出しています。今後、日本のEVサプライチェーンとの関係も注目されています。

また、このシンポジウムにオンライン登壇したITRI情報コミュニケーション研究所Ting所長の基調講演では、台湾の通信衛星技術開発の説明があり、今後日本との技術連携の可能性も期待されるとの意見も聞かれました。

本国際シンポジウムでは、各国からの本SIPプロジェクトへの連携期待が大きい点が注目されました。

かつて日本経済が世界で輝いたのは、そのテクノロジーで世界市場を席捲したことが背景にありました。これから日本経済の再生、活性化を考えるうえで、この国際シンポジウムに参加したような海外機関との連携が重要なことは疑う余地がありません。

また、日本の研究開発者と国内外企業や研究機関をつなぐための拠点、仕組みづくりも、オールジャパンで、今したたかに考える必要があるのではないでしょうか。

関連資料

(国際シンポジウム)
https://www.qst.go.jp/site/sip/43880.html

(ドイツ　フラウンホーファー研究機構　日本語)
https://www.fraunhofer.jp/ja/institutes-establishments.html

(オランダ　フォトニクスクラスター　Photon Delta　英語)
https://www.photondelta.com/

(オランダ　量子クラスター　Quantum Delta　英語)
https://quantumdelta.nl/

(台湾　ＩＴＲＩ　日本語)
https://www.itri.org.tw/english/ITRI-Japan-Office?CRWP=620166656134542576

第3章

研究開発拠点の研究成果と社会実装

本プロジェクトでは、6つの社会実装拠点を設けている。各拠点では、レーザー加工、量子暗号通信、量子コンピューティングの各分野における最先端技術を開発しながら、その研究成果の社会実装にも取り組んでいる。その活動と成果を個々に紹介する。

インタビュー

1

レーザー加工CPS開発でパラダイムシフトを実現する

小林洋平
東京大学物性研究所附属
極限コヒーレント
光科学研究センター 教授

田丸博晴
東京大学大学院理学系研究科
フォトンサイエンス研究機構
特任教授

坂上和之
東京大学大学院工学系研究科
原子力専攻
准教授

本プロジェクトの3つの研究開発項目の一つが、
CPS型レーザー加工によるスマート製造の実現である。
CPS化が非常に困難とされるレーザー加工機システムの構築を端緒として、
ものづくりの生産性の飛躍的な向上を目指す取り組みを紹介する。

刃物では切れない材料もレーザー加工できれいに切断

Q レーザー加工とはどのようなものなのでしょうか?

料理をするときに、包丁でトマトを切るとスパッと切れますよね。ものづくりの現場でも材料を所望の形にするときには、刃物で切断したり穴あけしたりします。

実はレーザーでも、ものを切ることができます。ものづくりの現場では刃物と同じようにレーザーを使った加工は活躍しています。

では、刃物での切断とレーザーでの切断はどう違うのでしょうか? 一つ例をお見せしましょう。木材を金属の刃物で切断すると、図1の左のようになります。切断面を電子顕微鏡で見た写真です。スケールバーの小さい目盛りが50㎛(ミクロン)に相当します。きれいに切れているように見えますよね。

次に、同じ材料をレーザーで切断した断面を見てみましょう(図1の右)。いかがでしょうか?

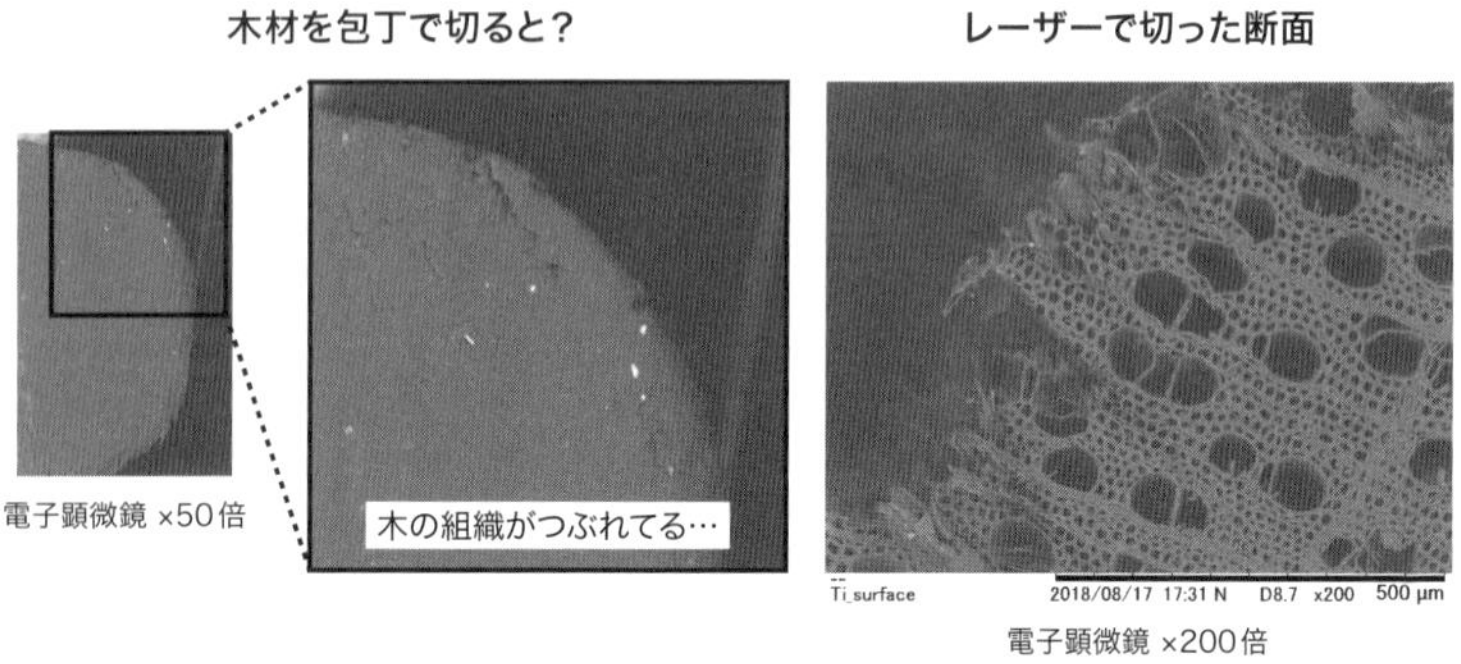

図1　木材を刃物で切った場合(左)とレーザーで切った場合(右)の断面

同じ拡大率で見たものです。同じ切断面とは思えませんね。一見、刃物で切った切断面はなめらかできれいに見えましたが、レーザーの切断面は木の断面構造がつぶれずに残っていることがわかります。レーザーのほうがスパッと切れているのです。このように、同じ切断でも何で切るかによって結果が変わるのです。レーザーは分厚い金属を熱で切ることもできますし、このように細かい構造を残しながらスパッと切ることもできます。用途に応じていろいろな色やパワーのレーザーが日々ものづくりに活躍しているのです。

　レーザー加工はこれまで機械加工の置き換えとして活躍してきましたが、最近では機械加工ではできない加工用途として用いられることもあります。どうしても刃物ではきれいに切断できない材料でも、レーザーであれば切断できることがあります。特に最新の軽くて丈夫な材料は、とても強いために加工性が悪いという特徴があります。そのような場面でもレーザーは活躍します。逆に、ガラスのように割れやすいもの、ゴムのように柔らかいものも刃物は不得意です。さらに、電子回路のように細かいものの加工も工作機械では難しいです。これらの加工にレーザーの出番が増えてきました。

CPSによる飛躍的な生産性向上が日本の労働力不足解消の切り札に

Q CPS型レーザー加工を研究しているとのことですが、なぜCPSの開発が必要なのですか？

CPSとはサイバーフィジカルシステムの略です。近年コンピュータの進化とともに、サイバー空間で我々の住むフィジカル空間をシミュレーションできるようになってきました。

例えば、ドライブのときにグーグルに道案内を頼むと、混雑状況を考慮してどの道を通れば早く着くかを計算して教えてくれます。我々はグーグルがどこのコンピュータで計算をしているかを気にすることなく、シミュレーション結果を利用してフィジカル空間の行動を決定します。これによって、混んでいる道は分散され、全体最適化が行われています。このようなサイバー空間での計算の助けを借りて全体最適化を行うことをサイバーフィジカルシステム（ＣＰＳ）と言います。

ＣＰＳは現在まだほんの一部で始まったところですが、今後様々な場面に展開することが期待されています。我々は、このＣＰＳをものづくりにおいて実現したいと考えています。なぜものづくりにおいてＣＰＳは重要な役割を果たすのでしょうか？

図２の上のグラフは、国連が発表している２１００年までの日本の人口推移予想です。日本の人口は２０１０年頃に１億２８００万人のピークを迎え、２０２２年現在１億２５００万人にまで減少しています。このわずかな減少ですら、すでに人材不足は始まっています。皆さんの周りでも変化は感じていると思います。今でもすでにそのような状況ですが、減少スピードはどんどん加速し、今後50年で30％減少すると推定されています。この間、超高齢化が加速し、労働生産人口にいたっては40％も減少します。労働力が不足する中で、一人ひとりが必要なときに必要なものやサービスを受け取ることができる、人間中心の社会、Society 5.0を実現するには、飛躍的な生産性の効率化を図らなければなりません。ものづくりのＣＰＳ化がこの社会問題を解決してくれると

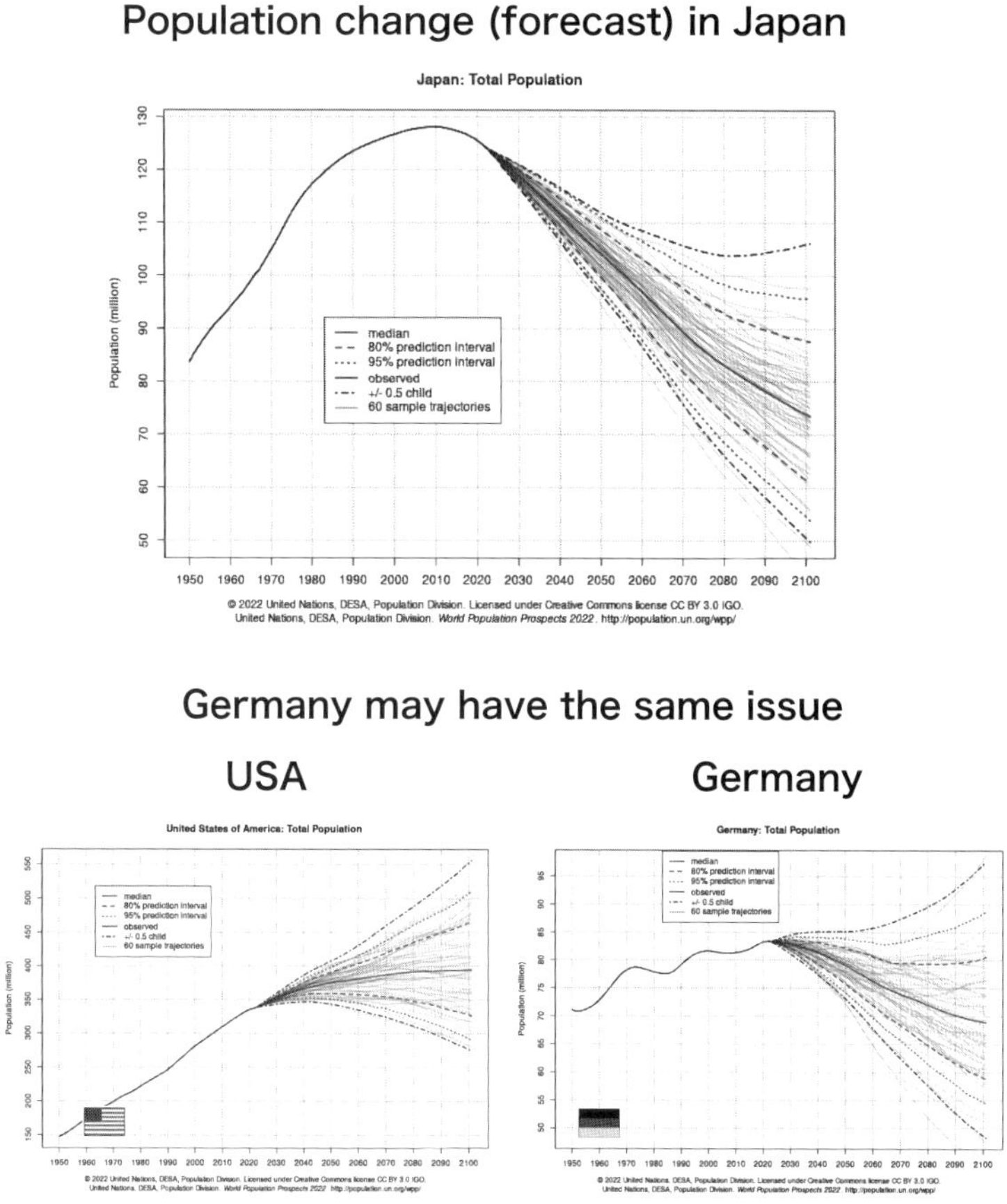

日本語訳：上段　日本の人口推移予測
下段　ドイツも同様の課題に直面する可能性
左：米国　　右：ドイツ

図2　日本の人口推移予想（国連発表。2022年公開版）。
[https://population.un.org/wpp/Graphs/Probabilistic/POP/TOT/392]

期待しているわけです。

ちなみにアメリカの人口は今後も増え続けると予想されています（図2の左下のグラフ）。ヨーロッパ各国はフラットからやや減少へと転じます。国によって社会背景が大きく異なるわけです。当然課題も変わってきます。労働生産性を上げなければならないのは、日本が人口減少先進国だという特有の事情からきているのです。サイバー空間やフィジカル空間での機器の自動化を通して職人の仕事をサイバー化していくことに抵抗感がない状況であるともいえます。日本はCPS化を推し進める社会土壌があり、これはある意味チャンスです。

では、Society 5.0におけるものづくりを実現するために、どのような課題があるのでしょうか。現在は工場では大量生産が行われています。材料を金型でプレスすることで大量に同じものを作っています。次世代の少量多品種生産において、一人ひとり異なる形状のものを手に入れるために、一つずつ型を作るわけにはいきません。膨大なコストがかかるからです。したがって、型の不要な型レスのものづくりが必要になります。人口減少の背景があるため、手作業で一品ずつ作ることもできません。デジタル化した設計図（CADファイル）から一つずつ自動的に加工する機械を使う必要があります。そこで、レーザー加工が有力な候補となるのです。レーザー加工機はデジタル制御で動くため、サイバー空間からの指令で動作できます。また、レーザー加工では切断、穴開け、溶接、改質などを、パラメータを変えるだけで行うことができます。レーザーの軌跡は自由に変えることができるので自由曲線の加工が可能です。ドリルのように材料と接触することがないので摩耗しませんし、油も必要ありません。また、細かい穴開けなど、工作機械ではできない加工も可能です。ドリルは細くなり直径が1㎜以下にもなると折れやすくなりますが、レーザーは波長程度（1㎛程度）にまで集光することができます。超微細加工は半導体の後工程における回路基板の穴開けなどで活躍しています。皆さんのスマホの回路も実はレーザーで加工されています。

最適パラメータをサイバー空間で瞬時に見つけ出すCPS型レーザー加工

Q 従来のレーザー加工とCPS型レーザー加工の違いは何ですか？

現在、機械加工の世界市場が8兆円程度に対して、レーザー加工機の市場は2兆円程度です。レーザー加工市場は毎年10％くらいの伸び率で、これは機械加工の2倍くらいです。レーザー加工はパラメータを変えるだけで穴開け、切断、溶接と様々な用途に使うことができるため、実に様々な場面で活躍しています。

ところが、なんでもできるレーザー加工は、裏を返せばパラメータによって結果が大きく異なってしまうことになります。パラメータを間違えると、切りたいのにくっついてしまうことなどが起こりかねません。そのため新しい加工を行う際には最適なパラメータを決定しなければなりません。工作機械でもどのドリルをどれくらいの回転数で使うか、土台であるステージをどれくらいの速度で動かすかなどをいろいろ試す必要がありますが、レーザー加工の場合にはパラメータが非常に多いので苦労するのです。パラメータとしては、レーザーの波長、パルス幅、パルスエネルギー、繰り返し周波数、集光径、パルス数や、掃引パターン、掃引速度、掃引回数、などがあり、それらが材料ごとに異なります。全通り試すと天文学的な数字となり、とても生きている間には良いパラメータが見つからなくなってしまいます。

現在、目的の加工における最適なパラメータは、職人さんが経験と勘で1か月から長いときには1年かけて探しています。こうした事情で、レーザー加工で一品ずつ異なる製品を作ることは、現在のところできていません。実際、レーザー加工は加工速度が速いという特徴を生かして、スマホの回路基板加工の例のように、主に大量生産に使われています。

つまり、レーザー加工はそのポテンシャルを生かしきっていないのです。素早く正しいパラメータを見つけることができるならば、一つずつ異なる製品を作ることが本当にできるようになります。これは大量生産から少量多品種生産への移行という、ものづくりにおいて非常に大きな変革をもたらします。そのために活躍するのがＣＰＳなのです。

ＣＰＳはサイバー空間で最適パラメータを見つけ出し、加工機に指示を出します。加工機はその指示通りに動けば所望の形状が出来上がります。このような仕組みをＣＰＳ型レーザー加工と呼んでいます。これを実現するには、サイバー空間で加工機のあるフィジカル空間が完全にシミュレーションできればよいのです。「このように光を照射すればこのように削れる」というシミュレーションができれば、所望の形状を入力するだけで、「どのような光をどのように照射すればよいか」を計算することができ、結果、最適パラメータが得られます。少し粗くてもよいので時間がかからないようにしたい、または、とにかく高品位に作成したいなど、ユーザーの希望に合わせてパラメータを選ぶことができます。サイバー空間での計算は瞬時にできますので、一つずつ異なる製品もできるようになるのです。

しかしレーザー加工のＣＰＳ化は最も難しいプロセスの一つと言われています。私たちはこの難しいプロセスであるレーザー加工のＣＰＳ化に挑戦し、その実現が他の分野のCPS化の弾みとなるよう日々研究しています。CPS化がものづくり全体に広がり、日本の労働力不足解消の切り札になれるよう願っています。

AI学習でレーザー加工のCPS化を実現

Q 現在、CPS型レーザー加工はどこまで実現していますか?

レーザーを材料に照射してから物質が除去されるまでの物理現象がすっかり理解されているのであれば、どのように光を当てれば所望の形状に変化するかが計算できます。つまり、レーザー加工の学理が解明されていれば、シミュレータができるのでそこでパラメータを導出することができます。ところが、残念ながら現在レーザー加工の学理がすっかりわかっているわけではありません。

図3のように、レーザーが物質に照射されると、光のエネルギーはまず電子に受け渡されます。この仕組みも金属とガラスなどの誘電体では異なります。電子のエネルギー

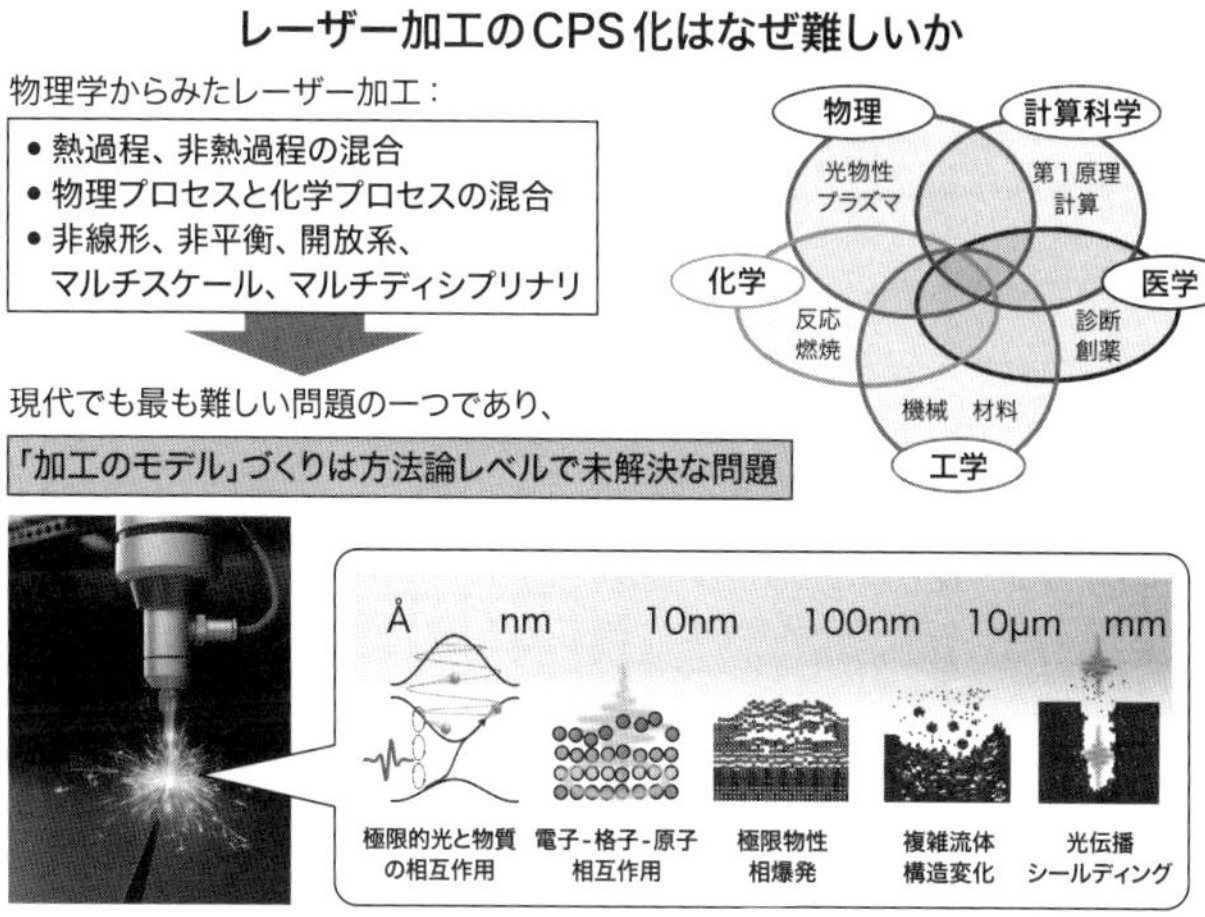
レーザー加工のCPS化はなぜ難しいか
物理学からみたレーザー加工：
• 熱過程、非熱過程の混合
• 物理プロセスと化学プロセスの混合
• 非線形、非平衡、開放系、
マルチスケール、マルチディシプリナリ
現代でも最も難しい問題の一つであり、
「加工のモデル」づくりは方法論レベルで未解決な問題
物理
光物性
プラズマ
計算科学
第1原理
計算
化学
反応
燃焼
医学
診断
創薬
機械　材料
工学
Å
nm
10nm
100nm
10μm
mm
極限的光と物質の相互作用
電子-格子-原子相互作用
極限物性相爆発
複雑流体構造変化
光伝播シールディング

図3　レーザー加工の学理が難しい理由

はやがて原子核の振動に変化します。これがやがて熱になり、固体―液体―気体の相変化をもたらし、物質の形状が変化します。原子の1オングストロームからミリメートルまで7桁にわたる空間スケールがここには含まれます。時間スケールはもっと幅広い現象で、複雑な物理を組み合わせないと完全に理解することはできません。また、レーザー加工の条件はとても多いことが相まって、理論を作るのには時間がかかるでしょう。

とは言え、レーザー加工の現場ではCPSの実現を待ち望んでいます。そこで、最近進歩が目覚ましい人工知能（AI）を用いることにしました。いろいろな条件で加工をしてみてその結果を測定します。この組み合わせを大量にデータとして準備して深層学習と呼ばれる方法を用いると、やっていない条件のときにどうなるかについて予測をしてくれます。将棋や囲碁ですでに人間よりも強くなったのはこの技術を使っています。将棋や囲碁では、コンピュータ上でとてつもなくたくさん対局を行い、データを大量に準備することができるためにあっという間に強くなりました。しかしレーザー加工の場合には実験は人間がやるので、大量のデータを準備することはたやすくありません。

そこで、実験を完全に自動で行いデータを増やしてくれる装置を開発することにしました。図4がその装置で、名付けてマイスターデータジェネレーター（MDG）です。MDGは疲れることなく24時間もくもくとレーザー加工をして結果を測定し、データベースに蓄えます。すると、深層学習に必要な数万ものデータを準備することができました。それを用いてコンピュータに対応を学習させます。例えば、入力はレーザーのパルスエネルギー、照射パルス数、スキャンスピードなどです。また、どんな材料を使ったのかの情報も入れます。結果は測定結果で、どんな形状になったのかなどです。深層学習とは、10000の入力に対して10000の結果を結びつける対応関係を決めるものです。少し踏み込んで言うと、対応を満たす行列を求める作業です。この対応関係がわかれば、実験でやったことのない入力を入れてもどんな形になるかの結果を予想して返してきます。まさにシミュレータができたことになります。

このシミュレータの開発成功によって、CPSの一番大事なところができました。フ

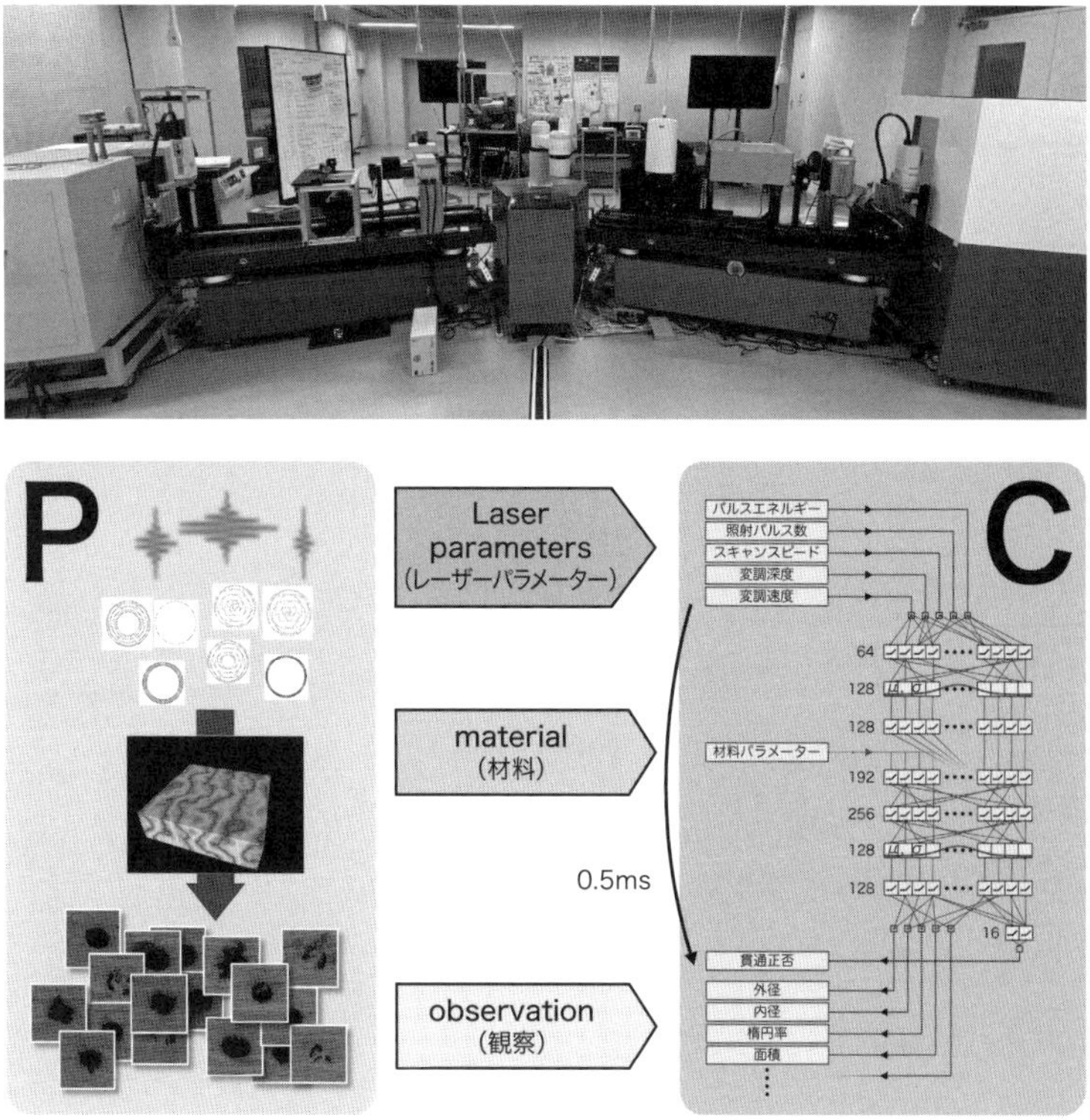

図4　マイスターデータジェネレーター(MDG)

ィジカル空間にいるユーザーは、自分の加工機から作りたい形状を実現するパラメータをMDGに問い合わせればよいのです。この仕組みそのものは完成しています。ただし、前にも述べたとおり、レーザー加工は実に様々な種類がありますので、現在のところ、ある一つの加工についてCPSができたという段階です。これからデータを拡充して対応できる加工の種類を増やしていこうとしているところです。まずは穴開けのCPSができたので、今度は溶接にチャレンジしたいと考えています。

MDGは完全に自動で動きます。「完全に」というのは、人間の手をいっさい借りずにという意味です。ほんのちょっとだけ人間がお手伝いをする「ほぼ」全自動は世の中にたくさんあります。この差が大きいのです。ここにとてつもない苦労をしました。このような発想自体が珍しいのか、完全自動の装置を作ろうとしたときに発注先がないことがわかりました。大学でブレークダウンして各要素技術を発注できる企業を必死に探しました。MDGを構成する機器がどの企業に発注できるのかの知識が大きなアウトプットです。

ものづくりのCPSを産業界でどう活用するかが重要なテーマ

Q 研究開発成果の具体的な社会実装イメージを教えてください。

レーザー加工のCPS化はもともと産業界のニーズから始まった研究です。したがって社会実装に直結させることをはじめから考えていました。通常は大学の研究で生まれたシーズをどのように社会に実装するかを考えます。すばらしい研究成果でも実際に製品化しようとすると思わぬ障壁が出てくるため、そこを乗り越えることに苦労する場面が多いと聞きます。今回の研究開発は社会ニーズに基づいているため、その問題は少ないはずですが、それでも「さあCPSができたので使ってください」と言っても戸惑うばかりでしょう。

CPSとはシステムです。ICTが「情報」の技術であるのに対し、CPSは「もの」のシステムです。インプットは情報ですが、裏で装置が動き、実際に加工が行われ、測定結果がデータとしてアウトプットされます。中身は随分異なりますが、インプットとアウトプットがともに情報であることには変わりありません。ですから、利用そのものは何ら難しいことはないのです。

つまり、ＣＰＳはユーザーから見ると情報のやり取りだけであり、これはインターネットのウェブブラウザ上でできてしまうのです。これが非常に重要なポイントで、世界中のどこにいても、我々の構築したＣＰＳは動かせます。現に、今、私は職場でこのインタビュー回答を執筆していますが、ネット越しにレーザー加工をしながら書いているのです。これがＣＰＳの世界です。社会実装はウェブブラウザのアドレスを皆さんにお知らせするだけでできてしまいます。皆さんも家にいながら材料と加工条件を決めてＣＰＳで加工を行い、どのような品質になったのかを写真で受け取ることができます。一回ずつ条件を変えて試して良いものを選んでもよいですし、我々が用意している最適化ループを回して数百回の加工を行って良い条件を導き出してもよいのです。得られた条件で工場を動かすことができます。

ＭＤＧを活用していくとものづくりのデータがどんどんたまっていきます。ものづくりのデータベースとはどのようなものであるべきか、実はこれはなかなかの難問です。我々も作りながらどんどん変えていっているところです。ただ、全自動で取得するとデータの質が良くなります。量も増えます。いずれ実際に加工をしなくてもデータベースから近いものを選ぶだけで必要な情報を引き出せるようになるでしょう。パラメータが

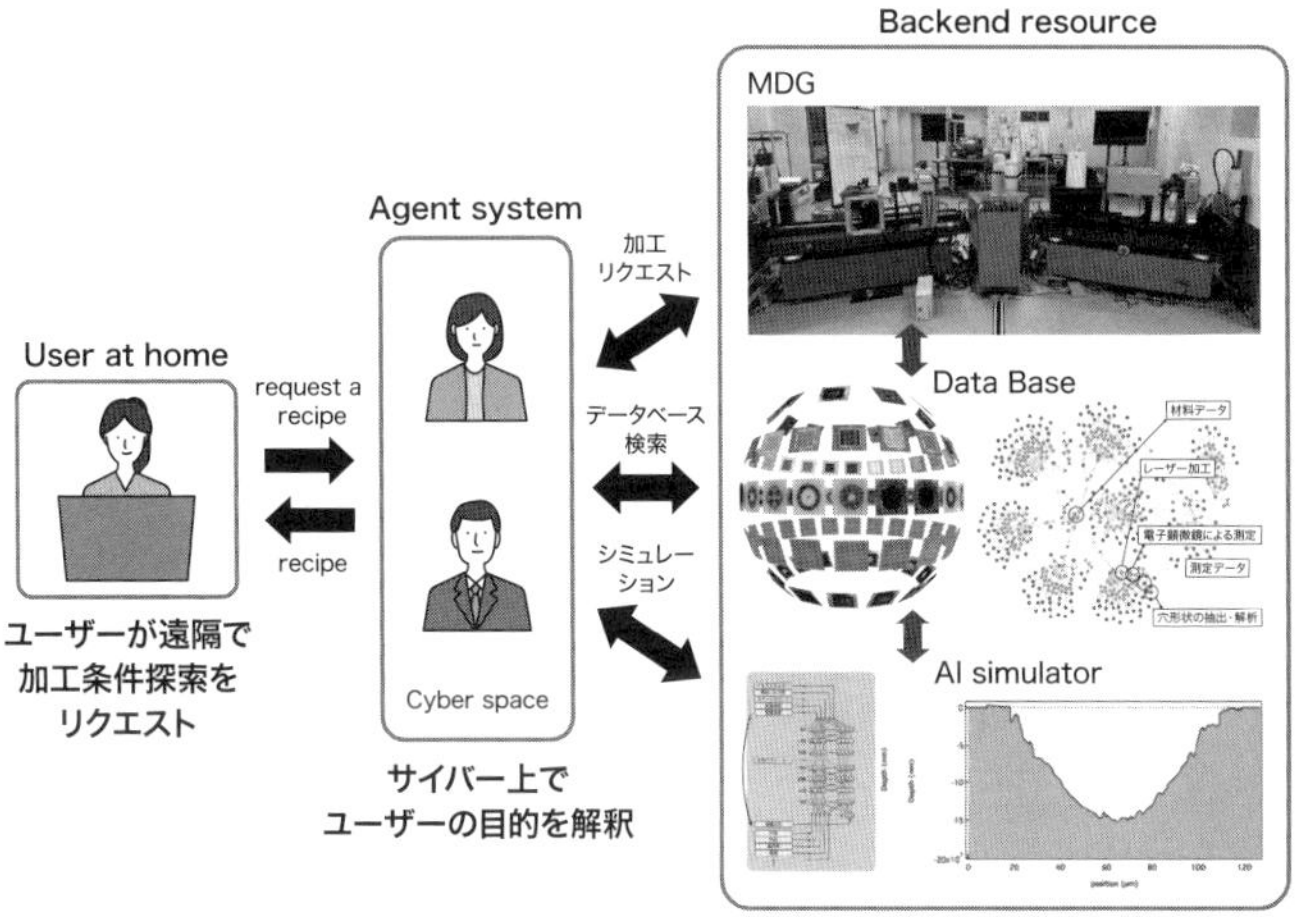

図5　構築したレーザー加工CPS

10個あるとデータベースは10次元空間となります。10次元空間でどれが近いか、はまた難問です。このあたりも今後の研究が必要です。

そのうち、ユーザーはデータベースから拾ったパラメータなのか、シミュレーションの結果なのか、はたまた実際に加工した結果なのかを気にすることがなくなるでしょう。そうなると本当に「サイバーとフィジカルの融合したシステム」が実現したと言えます。

インターネットが始まった90年代初頭、大学の学生は皆自分でホームページを作ることができました、技術的にも環境的にも。そこで皆情報発信はできました。私も作りました。でも、そこで終わったわけです。本来どう利用できるかについて、もっとちゃんと考えるべきでした。それができていればＧＡＦＡが日本から生まれたかもしれません。

今、ものづくりのＣＰＳが誕生しました。これは世界を見てもまれなシステムです。欧州が近年提唱しはじめたIndustry 5.0などとも目指す方向は同様ですが、海外の著名な研究開発機関の調査結果でも、足りないデータは自律的に作り出すという思想がユニークかつ先進的であるとされています。このシステムとそこで生み出されるデータをどう利用するべきか、これが問われています。これまでの社会実装とは理念が少し違います。今現在でもすぐに使えるのです。旧来と異なる理念のシステムの活用とはどういうものか、どうあるべきか、これが問われています。

ＴＡＣＭＩコンソーシアムを通じて始まったレーザー加工ＣＰＳの社会実装

Q　普段の研究とは異なる、社会実装に取り組まれた印象を教えてください。

どう利用するべきか、産業界の方とたくさん議論しました。年間100回くらい企業の方々と議論しています。システムだけ作って使い方や方向性を議論していないと、使えないものができてしまいます。

我々は社会実装をするときの仲間として、TACMIコンソーシアム（http://www.utripl.u-tokyo.ac.jp/tacmi/）を活用しています（図6）。現在102法人が参画し、レーザー企業、工作機械メーカー、加工ユーザーから商社、大学まで幅広い仲間で議論をしています。その中でパナソニックにはこのCPSにたいへん興味をもっていただき、議論を重ねているところです。また、半導体関連の企業の方ともレーザー微細加工について多くの議論をさせていただいています。TACMIにはレーザー加工プラットフォームがあり、会員は利用することができます。ここには各社が開発した、市場投入前の一回り優れたレーザー加工装置がそろっており、一方で加工で困っているユーザー企業の方が使いに来ています。つまり、シーズとニーズを実践的にマッチングさせ、未来を方向付ける場としての役割を果たしています。MDGもそのラインナップに登録してあり、すでにTACMIを通じて社会実装は始まっています。TACMIの会員間では情報開示範囲を指定可能なNDAがあらかじめ結ばれており、ユーザー、サプライヤー、アカデミアの柔軟なメンバー構成で一歩踏み込んだ議論が日常的になされています。

インターネット越しにMDGを利用する方法以外にも、CPSを企業で開発するた

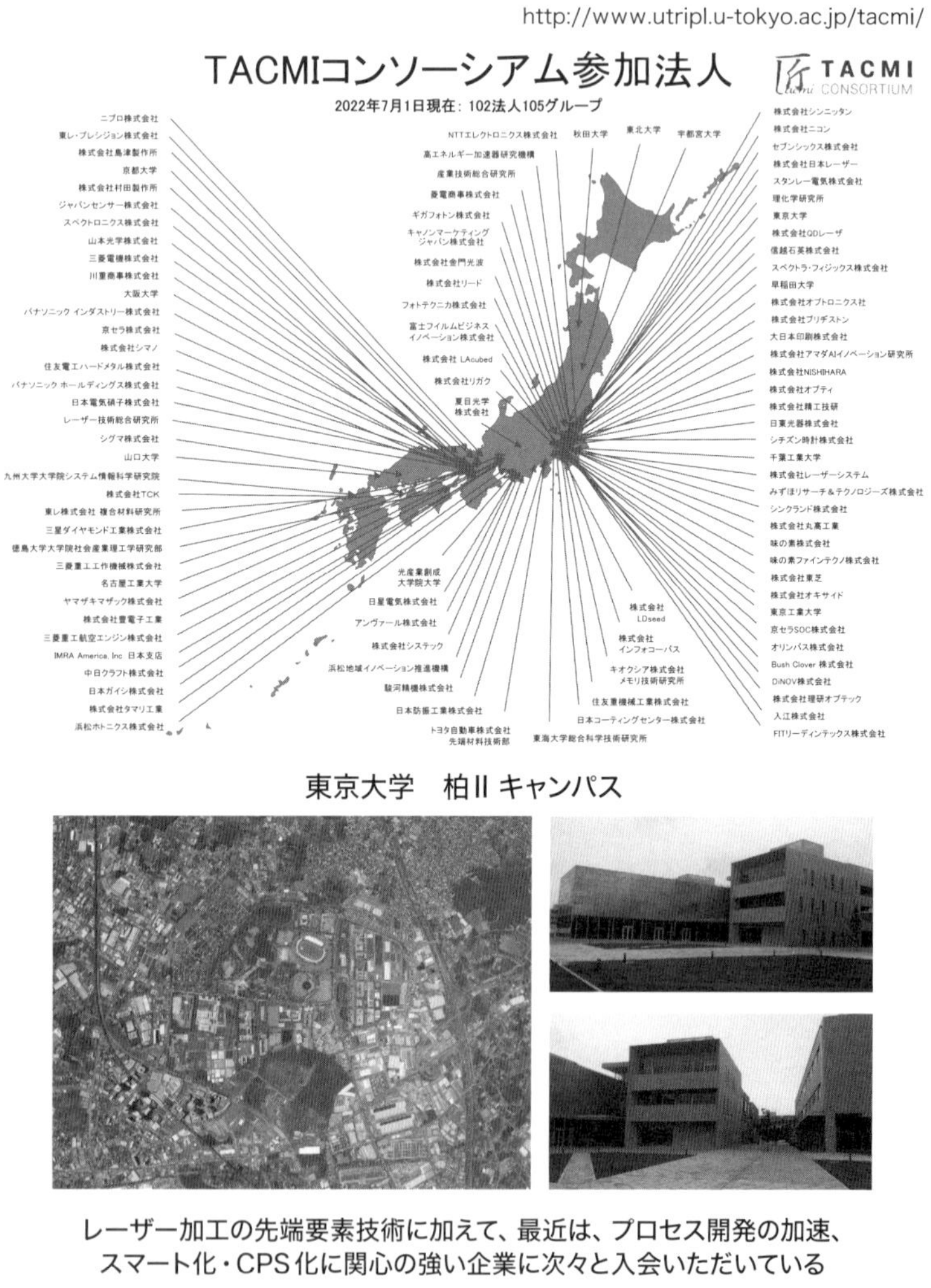

http://www.utripl.u-tokyo.ac.jp/tacmi/
TACMIコンソーシアム参加法人
TACMI CONSORTIUM
2022年7月1日現在：102法人105グループ
ニプロ株式会社
東レ・プレシジョン株式会社
株式会社島津製作所
京都大学
株式会社村田製作所
ジャパンセンサー株式会社
スペクトロニクス株式会社
山本光学株式会社
三菱電機株式会社
川重商事株式会社
大阪大学
パナソニック インダストリー株式会社
京セラ株式会社
株式会社シマノ
住友電工ハードメタル株式会社
パナソニック ホールディングス株式会社
日本電気硝子株式会社
レーザー技術総合研究所
シグマ株式会社
山口大学
九州大学大学院システム情報科学研究院
株式会社TCK
東レ株式会社 複合材料研究所
三星ダイヤモンド工業株式会社
徳島大学大学院社会産業理工学研究部
三菱重工工作機械株式会社
名古屋工業大学
ヤマザキマザック株式会社
株式会社豊電子工業
三菱重工航空エンジン株式会社
IMRA America, Inc. 日本支店
中日クラフト株式会社
日本ガイシ株式会社
株式会社タマリ工業
浜松ホトニクス株式会社
NTTエレクトロニクス株式会社
秋田大学
東北大学
宇都宮大学
高エネルギー加速器研究機構
産業技術総合研究所
菱電商事株式会社
ギガフォトン株式会社
キヤノンマーケティングジャパン株式会社
株式会社金門光波
株式会社リード
フォトテクニカ株式会社
富士フイルムビジネスイノベーション株式会社
株式会社 LAcubed
株式会社リガク
夏目光学株式会社
光産業創成大学院大学
日星電気株式会社
アンヴァール株式会社
株式会社システック
浜松地域イノベーション推進機構
駿河精機株式会社
日本防振工業株式会社
トヨタ自動車株式会社 先端材料技術部
東海大学総合科学技術研究所
日本コーティングセンター株式会社
住友重機械工業株式会社
キオクシア株式会社 メモリ技術研究所
株式会社 インフォコーパス
株式会社 LDseed
株式会社シンニッタン
株式会社ニコン
セブンシックス株式会社
株式会社日本レーザー
スタンレー電気株式会社
理化学研究所
東京大学
株式会社QDレーザ
信越石英株式会社
スペクトラ・フィジックス株式会社
早稲田大学
株式会社オプトロニクス社
株式会社ブリヂストン
大日本印刷株式会社
株式会社アマダAIイノベーション研究所
株式会社NISHIHARA
株式会社オプティ
株式会社精工技研
日東光器株式会社
シチズン時計株式会社
千葉工業大学
株式会社レーザーシステム
みずほリサーチ＆テクノロジーズ株式会社
シンクランド株式会社
株式会社丸高工業
味の素株式会社
味の素ファインテクノ株式会社
株式会社東芝
株式会社オキサイド
東京工業大学
京セラSOC株式会社
オリンパス株式会社
Bush Clover 株式会社
DiNOV株式会社
株式会社理研オプテック
入江株式会社
FITリーディンテックス株式会社
東京大学　柏II キャンパス
レーザー加工の先端要素技術に加えて、最近は、プロセス開発の加速、
スマート化・CPS化に関心の強い企業に次々と入会いただいている

図6　TACMIコンソーシアム

めのノウハウを受け渡す社会実装もあります。先に述べたとおり、CPSとはどのようなシステムなのか、どこに頼むとできるのか、などの相談を通して社会に還元していきます。

さらに、CPSのプラットフォーマーが日本で生まれることを期待しています。IoT時代のGAFAとはどのようなものなのか、何でマネタイズするのか、などの知恵が決め手となります。

CPSによる研究開発のリモート化が起こすパラダイムシフト

Q CPSを活用したものづくりはどのような社会につながっていくでしょうか？

フィジカル空間を最適化するためにCPSを構築してきましたが、先に述べましたとおり、フィジカル空間でしか得られない情報をどのように効率的に得るかが重要でした。今、オフィスや自宅からレーザー加工の条件出しができるようになりました。この開発が始まってまもなくコロナ禍となりました。MDGのある実験室に行かなくてもレーザー加工実験ができてしまうことに感動しました。期せずしてリモートワークに対応した実験施設となったわけです。ちなみに職場に行けるようになった後でも、週末に家から実験できるのはたいへん幸せです。

このように、完全自動でレーザー加工から測定までできるようになると、思わぬ道が開けるかもしれません。研究開発がリモートでできるのです。日本に限らず世界中からCPSを通じて研究ができてしまう可能性が見えてきました。これは今までにない概念かと思います。スーパーコンピュータの世界では常識かもしれませんが、装置がどこにあるのかを気にすることなく、「実験」ができてしまう。研究開発のパラダイムが変わるかもしれません。中小やベンチャーの研究を一手に引き受ける設備に成長する可能性があります。

この先、データ活用型社会が来ると言われています。データこそが社会の源となるわけです。その活用の仕方が今問われています。

インタビュー

2

レーザー加工を革新するデジタル光制御の開発

豊田晴義

浜松ホトニクス
執行役員
中央研究所所長

早崎芳夫

宇都宮大学
オプティクス教育研究センター
教授

本プロジェクトでは、「魔法の鏡」を用いた空間光制御技術と、
高出力超短パルスレーザーとを組み合わせた次世代のレーザー加工の開発を進めてきた。
従来のレーザー加工の概念を凌駕する技術を実現し、
我が国企業によるレーザー加工市場シェアの奪還を目指す。

「魔法の鏡」・SLMを使って レーザーのビーム形状を自在に操作

Q 研究開発内容について、ご説明ください。

豊田 当社は、レーザー光のビーム形状を自由自在に制御することのできる「空間光制御技術」を、これまで40年以上にわたって研究開発してきました。

レーザーは、1960年代に開発され、まだ60年ほどの歴史しかない若い技術です。強度・波長・パルス幅など、様々な改善が行われてきました。その結果、CD／DVDなどの高密度記録媒体から、高精度な距離計測やバーコードリーダーなど、社会での利用が進みました。さらなる高出力化が実現したことで、レーザーマーキングから、切断・溶接・穴開け、レーザー手術まで、モノづくり産業から先進医療まで、様々な分野に必要不可欠な基盤技術に育っています。

このレーザービームを自由自在に制御することは、なかなか簡単ではありません。レーザーの持つ高精度加工機能を活用する用途においては、波長オーダー、つまり、1㎛

（ミクロンメートル：1㎛は1000分の1㎜）単位のビーム制御が必要になるからです。また、温度や湿度による光学部品の膨張などによっても、レーザービームの形状は影響を受けてしまいます。加工対象物を動かす機構も㎛単位の制御が必要になります。安定した精密加工を実現するには、様々な障害が顕在化していました。

そこで私たちは、光を自在に制御することのできる「魔法の鏡」である空間光制御デバイス（Spatial Light Modulator：SLM）をレーザー加工に適応させることに着目。光のビームの形状を、様々な形に変換できる技術を用いた安定性・再現性の高い新しいモノづくりを実現したいと考えました。このSIPプロジェクトでは、このSLMを用いた空間光制御技術と、近年、急速に開発の進んでいる高出力超短パルスレーザーとを組み合わせた次世代のレーザー加工の実現を目指しています。

早崎　どんなことができるかを、図1に示します。レーザービームは、数㎜の大きさに広げられてミラーで反射してレンズで集光することで、その焦点には、非常に強いパワーを生み出すことができ、ガラスに穴を開けたり、半導体ウェハを切断したりできるようになります。さらに、このSLMを使うと、光ビームを線状パターンにしたり、矩形や丸形にしたり、そして多点に分岐して任意のパターンを表示することも可能となります。

SLMは、コンピュータからの制御信号でコントロールしています。したがって、レ

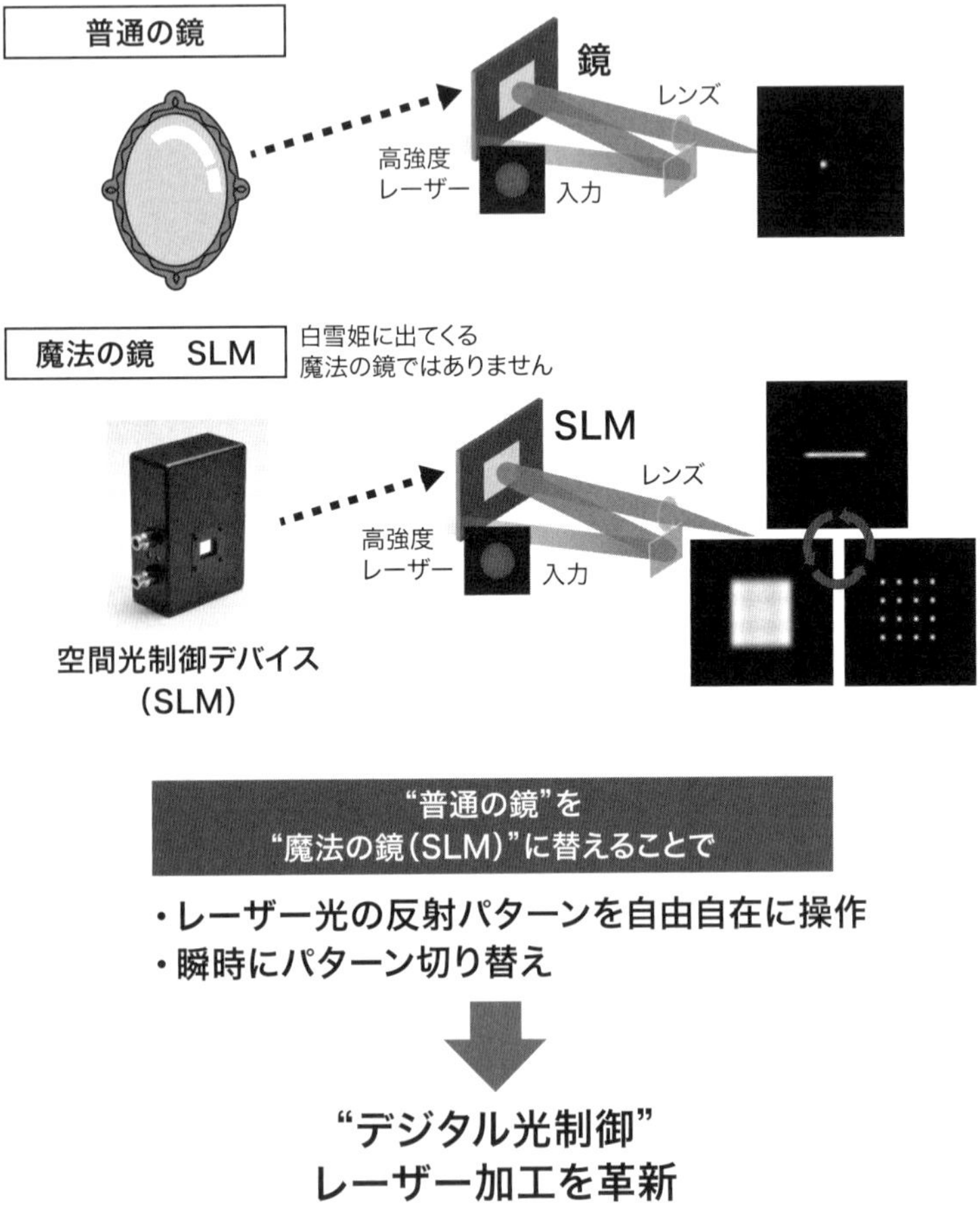

図1　空間光制御技術のキーデバイス(Spatial Light Modulator：SLM)の主な機能
(浜松ホトニクス提供)

ーザー光の反射パターンを、コンピュータを用いて自由自在に操作し、瞬時にパターン切り替えができる機能が実現します。この「デジタル光制御」はレーザー加工を革新できるものと考えています。

SLMの耐光性を向上させ、最先端の高出力レーザーとの組み合わせを実現

Q 開発内容は誰に役立つものですか？

豊田 このSIPプロジェクトでは、キーデバイスのSLMの耐光性を10倍～100倍程度に向上させるため、デバイスの構成材料の工夫や新しい設計の採用、そして、SLMの有効面積の大面積化などを実施することで、最近の産業用に開発が進む最先端の高出力レーザーとSLMを組み合わせることを実現させました。

図2に、このプロジェクトで開発した2つのSLMを示します。図2左の高耐光性SLMでは、非熱加工が注目されている超短パルスレーザー（波長1㎛帯）に着目して、最

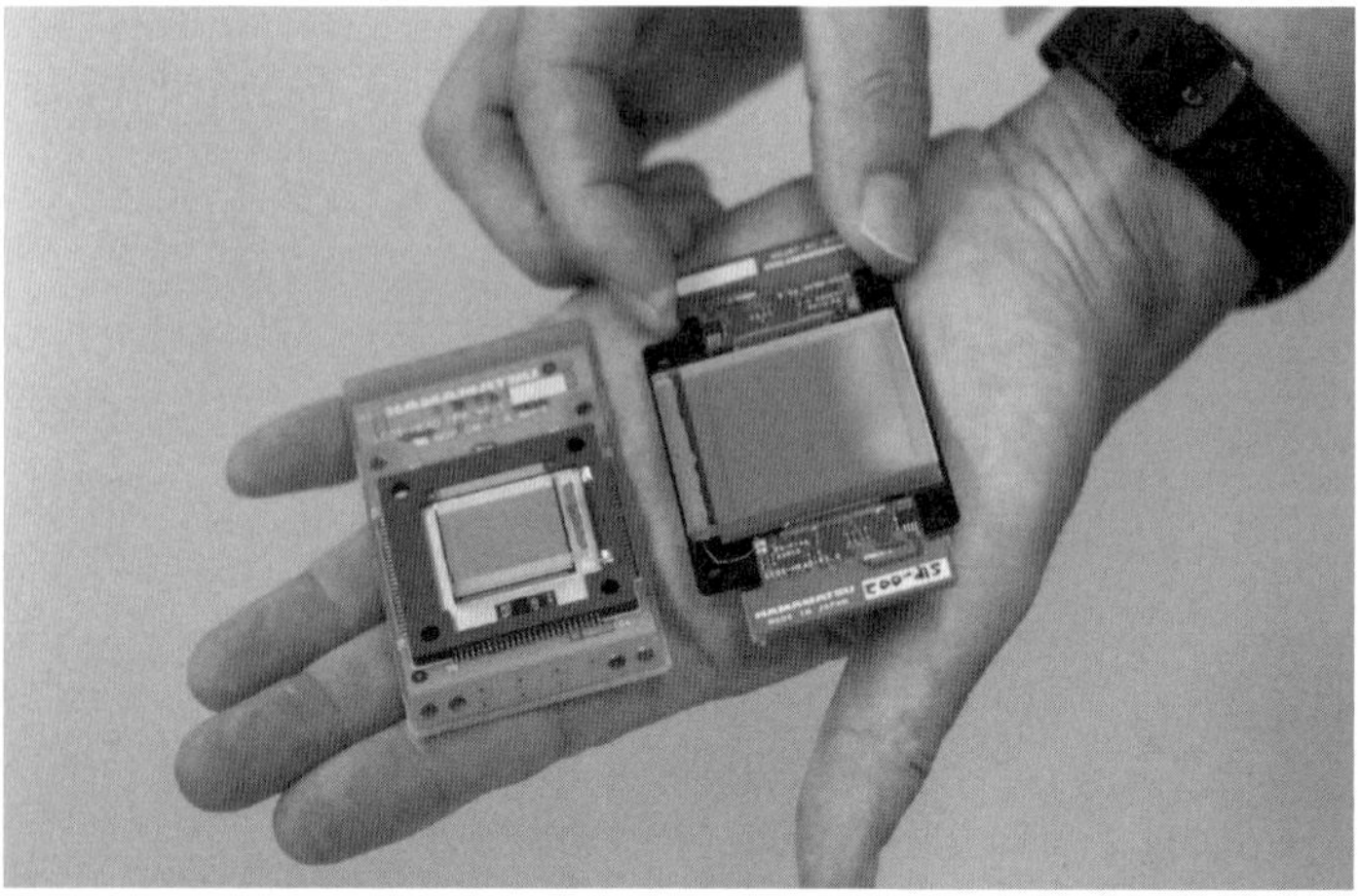

図2　SIPプロジェクトで開発したSLM（左：高耐光性SLM、右：大面積SLM）
（浜松ホトニクス提供）

適なミラーの新規設計・試作を行い、駆動回路設計・基礎構成を根本から見直すことで、約1桁の耐光性向上を実現しました。このSLMは、従来サイズと同じ12×16㎜の有効エリアを持ちます。

　これによって、これまでSLMをお使いいただいている応用分野のみなさんに、高出力レーザーとの組み合わせが可能となります。その結果、タクトタイムの大幅アップに寄与するものと考えています（例えば、100〜1000点の分岐による並列加工が実現）。今後、半導体ウェハ加工やレーザーマーキング、超解像顕微鏡における特殊ビーム生成や2光子励起顕微鏡における位相歪《ひずみ》のダイナミック補正など、様々な応用分野で大きな変革を与えられるものと思います。また、高出力なレーザーのビーム形状を自在に変えられる機能は、溶接や３Ｄプリンター(Additive manufacturing: AM) においても、溶融池の温度制御などへの可能性が期待されています。

幅広い産業分野で望まれる高精度・高スループットな加工技術に対応

Q 高耐光性ＳＬＭを使ったレーザー加工は、いつ、どう実現しますか？

早崎　ここで開発された高耐光性ＳＬＭは、すでに、私たちの宇都宮大学のレーザー加工機にも実装していて、国内企業のみなさんとのＰｏＣ（Proof of Concept；実証実験）を開始しています。

図３に宇都宮大学でのレーザー加工の様子をいくつかの写真で紹介しました。加工には高出力の超短パルスレーザーを用いており、ガラス表面に波長オーダー(髪の毛の数百分の１）の溝を作成し、ＳＩＰプロジェクトのロゴを形成しています（図３（ａ）〜（ｃ））。各溝の間隔は数㎛ですので、１本のビーム加工では、加工時間、加工精度ともに十分な

効果が得られません。そこで、開発したばかりの高耐光性ＳＬＭと高出力加工用レーザーを組み合わせて、多点ビームで加工する必要がでてきました。ＳＬＭによる光ビームのパターン制御は、３次元像を再生させる技術であるホログラフィックな計算技術を利用したＣＧＨ（Computer Generated Hologram）を用いて行います。私たちの研究室では、長年にわたって、ＣＧＨの高精度化・高速化の研究を進めてきましたので、今回の加工にはこれまでのノウハウが様々な形で結集されています。

私の所属するオプティクス教育研究センター主催の光応用用セミナーには、多くの地元企業のみなさんに参加いただいてきました。そうした機会でも、ＳＬＭを用いた高精度かつ高速なレーザー加工についても紹介させていただいています。参加企業さんの中からは、「こんな加工ができないか」というような相談が寄せられていまして、ＳＩＰプロジェクトで整備したレーザー加工装置で実習や加工テスト等を実施しています（図３（ｄ））。

私たちは、以前から、非熱加工が可能な超短パルスレーザーによるガラス内部加工などの有用性を実証してきましたが、近年の加工用レーザーの大出力化の進展によって、これまで課題だった加工のスループットが、劇的に改善される可能性が出てきています。技術相談をいただいている企業の要望も多岐にわたっており、多層化する半導体ウェハの加工から、難加工材料の採用が進む電子部品、車載部品、医療デバイスなど、幅広い

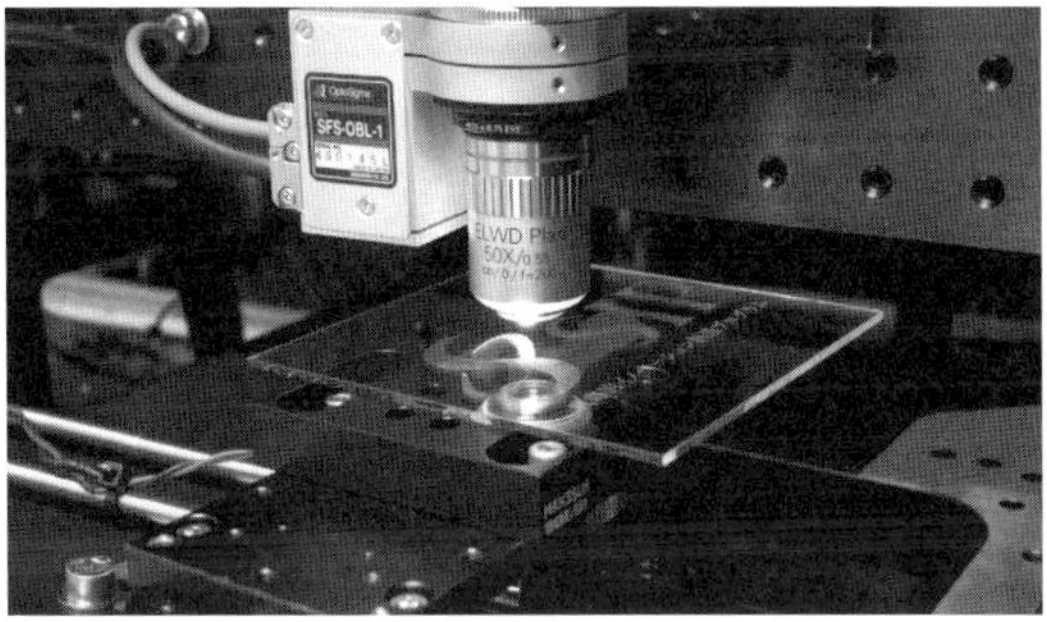

図3(a)　宇都宮大学でのレーザー加工の様子　　図3(b)　デジタルフィードバックによる並列加工

図3(c)　ガラスの加工事例　　図3(d)　加工実験実習の様子
(図3の写真はすべて宇都宮大学提供)

産業分野で、高精度・高スループットな加工技術への要望が高まっていることを感じます。また、先ほどの3Dプリンターなどの応用においては、金属などへの幅広い材料加工時の温度制御が可能となります。複合材料や複雑な形状の部品を高精度かつ高性能に製造するための革新的な技術となるものと思います。

海外研究機関からも高評価を受けるSLMによるビーム制御技術

Q 現場直結の社会実装でどんな点に苦労されましたか？

豊田 SLM技術の有用性をお伝えするのと同じくらい重要なのが、その扱いの難しさをユーザーのみなさんにどのようにお伝えして、使いこなしていただくのか、という点になるかと思います。早崎先生は、我々のデバイスを30年以上にわたってご利用いただいていますが、そのあたりはどのように感じていらっしゃいますか。

早崎 SLMでは、波長オーダーの波面の制御を行っていることになりますので、ほんの少しのレンズやミラーの位相歪が、集光ビームの品質に影響を及ぼす場合があります。特に、最近は微細な加工や、熱に弱い対象物の加工、位相歪の影響を受けやすい内部加工など、様々な対象の超精密加工の需要が増えてきています。

そこで、我々が長年の経験をもとに、ビーム形状や加工形状をモニターして、その結果が最適になるようにホログラム設計にフィードバックを行うデジタルフィードバック制御技術が有効に機能すると考えています。ＳＩＰプロジェクトの中で、最先端の加工用レーザーとＳＬＭを組み合わせた実証実験の場を用意し、現場での実演をお見せして、社会実装につながるよう注力しています。しかし、この2年間は新型コロナ禍の影響でなかなか思うように、国内企業のみなさんとのＰｏＣが進まない面もありました。

豊田　その点で、とても重要だったことは、海外研究機関との連携が挙げられると思います。本プロジェクトでは、研究推進法人の量子科学技術研究開発機構（ＱＳＴ）からの勧めで、早い段階から研究開発テーマの海外ベンチマーキングを実施しました。自分たちの技術の強みや適用すべき産業分野、注意すべき競合技術などを、海外研究機関（台湾ＩＴＲＩ、独フラウンホーファー研究所、蘭ＴＮＯ研究所）の調査によって知ることができました。報告では、半導体分野、部品製造分野（車載部品、電子部品など）において、我々の持つ空間光制御技術の活用が期待されると、指摘されています。

特に、独フラウンホーファー研究所は、レーザー開発やレーザー加工に関する様々な論文発表の実績をお持ちでしたので、SLMの耐光性向上の開発に成功したところで、2つのフラウンホーファー研究所（IWS研究所、ILT研究所）に、デバイスのベンチマークテストを依頼しました。IWS研究所とILT研究所は、いずれもレーザー加工の研究で実績のある研究所ですが、それぞれの得意な分野の評価をお願いすることにしました。その結果、IWS研究所では、波面センサーや温度モニターを活用し、CWレーザーを用いて850Wのレーザー入射時までビーム形状が保持されることを確認いただきました。また、ILT研究所では、平均出力300Wの超短パルスレーザーを用いた評価を行い、平均出力150W程度のレーザー強度まで、加工に影響のないビーム制御が行えることがわかりました。その評価結果は、ホワイトペーパーとして公開しておりまして、一例を図4に示します。いずれの研究所からも、SLMによるビーム制御技術は、今後のレーザー加工において重要な機能の1つになるとの意見が寄せられました。

SLMデバイスの評価後も、フラウンホーファーILT研究所では、継続してレーザー加工機に組み込んでいただき、長期的な加工実験評価を行っていただいています。また、研究所の中にSLM応用ラボの設置についても提案があり、ヨーロッパ企業とのPoCの実施に向けて準備を進めています。

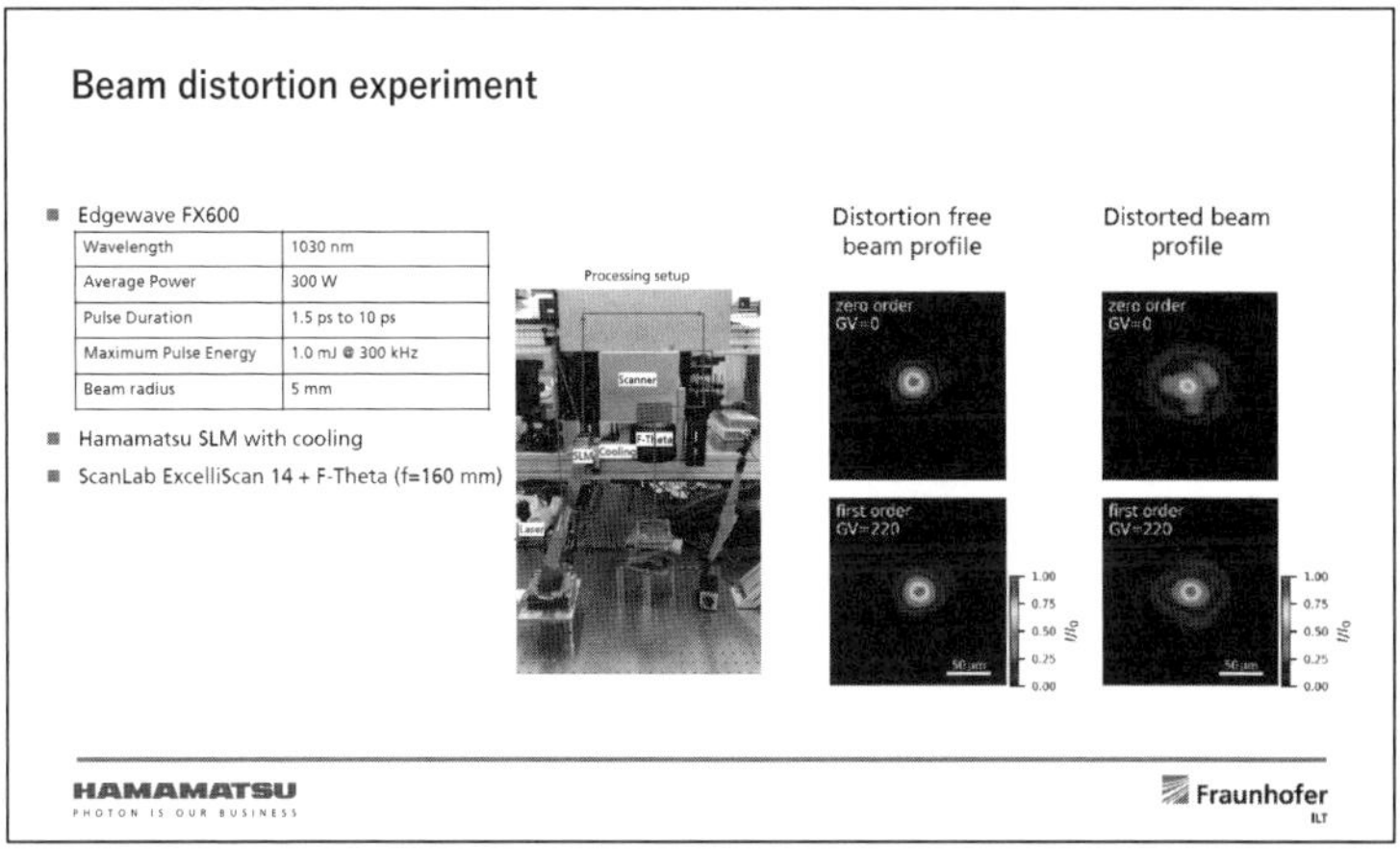

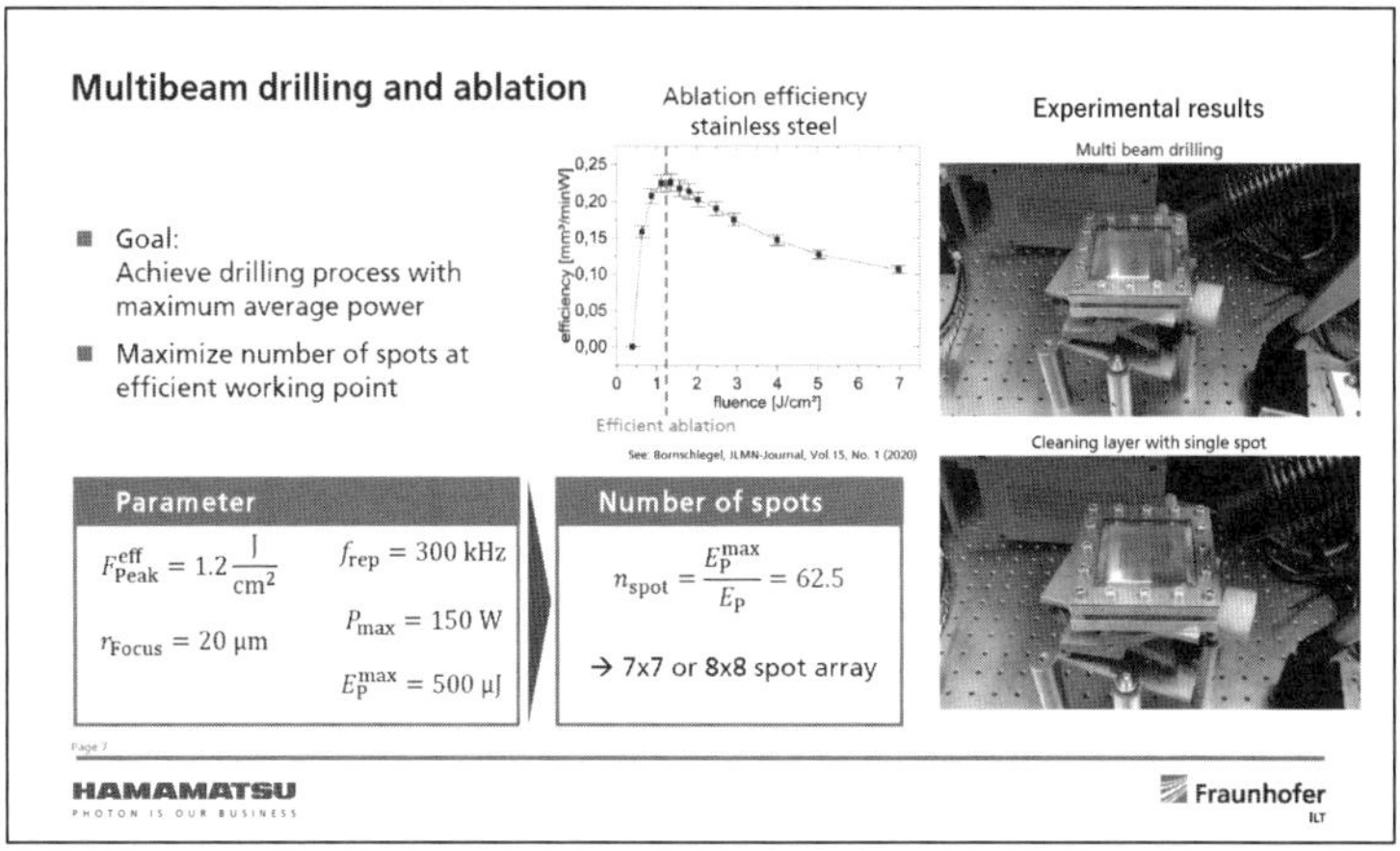

図4　フラウンホーファーILT研究所に依頼したベンチマーク結果(ホワイトペーパーとして配布)
　　(上:入射強度を強めた場合のビーム歪の評価結果、下:7×7点のマルチビーム加工実験)
(Fraunhofer-ILT研究所の許可を得て浜松ホトニクス提供)

グローバルな社会実装を進めるための海外連携

Q そのチャレンジの中で、何を得たのでしょうか？

豊田　やはり、海外との連携を通して、社会実装をスムーズに進めるための拠点づくりの重要性を改めて感じました。ＳＩＰプロジェクトの中で、社会実装に関する分科会が開催され、「国内企業に比較して、海外企業は新しい技術を取り入れる実用化のスピードが速い点が特徴です。したがって、ぜひ、海外でのＰｏＣを積極的に行い、そこで、しっかりダメ出しをしてもらって、技術のブラッシュアップを行い、最終的に完成度の高い技術を日本産業に提供することが、効率の良い技術開発につながります」というアドバイスをいただきました。これをきっかけにして実際に、フラウンホーファーＩＬＴ研究所との連携により、デバイス評価から加工デモ、応用ラボの開設までをスムーズに実施することができました。

特に、デバイス評価の終了後に、ＩＬＴの研究総括でアーヘン工科大学のポスドクであるA氏がデモの紹介役を担当し、「高出力レーザーの性能を最大限に引き出した、企業にアピールできるデモを見せたい」と、アイデアを出してくれました。そこで、金属板に多数の穴を高速・高精度に開ける加工を例にして、穴開けに最適なビーム強度となる7×7分割で多点の穴開け加工を行い、その後にビーム形状を9×9分割に変更して、レーザークリーニング（加工時に表面に飛び散った加工ごみをレーザーで取り除く作業）をするデモを実施しました。その後の打ち合わせで、A氏は、ドイツの大手メーカーにその手腕をかわれて転職されたとのことで、このデモが彼の置き土産にもなりました。この加工デモの様子は、以下のURLで公開していますので、ぜひご覧いただければと思います。
↓SIP VR—浜松ホトニクス（https://www.hamamatsu.com/sp/hq/virtual_showroom/sip/ja/vr/index.html）

このように、先端技術とともに人もうまく流動しているドイツのエコシステムを目の当たりにしたのですが、その秘密は、フラウンホーファーILT研究所の優れた拠点形成にあるものと感じました。

私たちがSLMのデバイス評価を依頼した際、月1度程度の技術打ち合わせには、フラウンホーファーILT研究所の研究管理者、同研究所を兼務する形で、すぐお隣の大学であるアーヘン工科大学のポスドクである前述のA氏と、修士学生のM氏の3人で対応していただきました（図5）。初期の技術打ち合わせでは、こちらの希望を伝えながら、デバイスの評価項目や計測方法について理解を深めました。そして、大まかな外注仕様書がまとまると、契約関係は、ドイツ国内の80ほどの研究所を束ねるミュンヘン本部が一括して処理する仕組みになっていました。契約書には、フラウンホーファーの目的とともに、報告項目から実験方法、中間報告の日程などが組み込まれた工程表などが、整然とまとめられていました。研究開発の外注作業でよく問題となる、仕様の認識の違いなどが極力入り込まないような仕組みが構築されていました。

さらに、フラウンホーファーＩＬＴ研究所では、世界最先端のレーザーや関連技術の研究開発が進められており、毎年5月にレーザー加工の大規模なシンポジウムを主催していますが、２０２２年5月に開催されたＡＫＬ２０２２でも、85件の講演と５００名を超える参加者、50社以上の協賛企業が参加する最先端のレーザー加工技術について議論する場となっています。そうした場で、各企業の持つ困りごとをしっかり把握していることが、わかりやすいデモの提案につながったものと思います。

そうした技術経験を積んだポスドクのA氏は、ドイツの大手製造業の企業に移っていきました。またSLMの搭載された加工モジュールは、フラウンホーファーＩＬＴ研究所からスピンアウトして起業したレーザー加工メーカーの装置の中に組み入れていただき、ＳＬＭ応用ラボとして展示いただくなど、大学－研究機関－企業の技術連携が自然な形で実現されています。決して大きな組織ではなく、小さいチームだからこそ、研究開発

図5　フラウンホーファーILT研究所との打ち合わせの様子

に必須な試行錯誤が、失敗を恐れずに実行できる仕組みになっていると感じました。

早崎　我々も、フラウンホーファー研究所のような、新しい技術をスムーズに社会実装につなげていくことのできるようなエコシステムの構築ができればと考えています。このＳＩＰの成果を活用して、すでにレーザー加工マイクロ団地（企業単位に区切られた加工実験ブース）をオプティクス教育研究センターに開設し、順調に、国内メーカーとのＰｏＣが開始されています。また、実際にＳＬＭ加工モジュールを自社ラインなどで試したいお客様に対応できるように、国内システムインテグレータの企業にも加わっていただき、モジュールの設計・試作も実施しています。このモジュールは、東京大学で研究開発されているＣＰＳ（Cyber-

Physical System）型レーザー加工システムの中核となるＭＤＧ（Meister Data Generator）とも連動できるような設計を進めています。

量子暗号や量子コンピュータなど他分野への応用も期待

Ｑ　この開発技術が、市場や産業の拡大にどう貢献していくことを期待されますか？

豊田　ＳＩＰプロジェクトで開発された高耐光性ＳＬＭは、製品化に向けた事業部での評価・仕様調整が進められて、無事に製品版が完成しております。すでに、高出力レーザーとの組み合わせを希望する企業からの引き合いを多数いただいていると聞いています。また、先日にニュースリリースを行いました大面積タイプに関しましても、近年、モノづくりの基盤技術として注目されている３Ｄプリンターへの適用などを期待するお客様からのご要望をいただき、急ピッチで製品化に向けた評価実験を進めているところです。

早崎　今後は、宇都宮、浜松、東大の国内拠点、そして独フラウンホーファーＩＬＴ研究所のＳＬＭ応用ラボなどをネットワーク化して最先端のレーザー加工技術をお試しいただける拠点として運用していきたいと考えています。

豊田　私たちが研究開発を進めてきましたＳＬＭによるレーザー制御技術は、レーザー加工に加えて、幅広い応用分野が期待されます。例えば、量子暗号通信の多重モード制御、量子コンピュータにおける冷却原子のトラップ（絶対零度付近まで冷却した原子を用いた量子コンピュータの基礎研究）や、超解像顕微鏡の特殊ビーム生成などにも利用が始まっています。そうした応用では、さらに、高速かつ高精度な機能や、幅広い波長への対応などが求められています。我々も、そうした要望にしっかり対応したデバイス開発を進めていきたいと思います。

最初に少しお話ししましたように、このＳＬＭ開発は、私が浜松ホトニクスに入社する前の１９８０年頃にさかのぼります。ちょうど、その頃、「光コンピュータ時代の幕開け」が米国の光学雑誌に特集されるなど、新しい光デバイスや光システムの研究開発が精力的に進められていました。その中で、米国ボストンのマサチューセッツ工科大学のWarde教授が、光コンピュータの基礎演算を実証するためのレーザー制御デバイスとして真空管型ＳＬＭ（ＭＳＬＭ：Microchannel Spatial Light Modulator）を考案し、真空管技術を持っていた浜松ホトニクスに開発の依頼があったことから、ＭＳＬＭの開発が始まりました。私の入社した1986年には、MSLM（書き換え可能なホログラム素子）のプロトタイプを用いた応用実験が始められており、1987年に、工業技術院製品科学研究所（現産業技術総合研究所）の石川正俊先生との光ニューラルネットワークの研究のため、私も筑波に出向することになり、早崎先生とお会いすることになりました。

早崎　その頃、私は筑波大の学生として光の研究室（谷田貝研究室）に配属されて、電子技術総合研究所（現産業技術総合研究所）で光コンピュータの研究プロジェクトに関わることになりました。そこで、浜ホト製のMSLMを初めて使い始めました。とはいうものの、MSLMは、電気光学結晶を真空管の中に配置して数キロボルトを印加するなど、今のSLMとは比べ物にならないほど、使い方が難しいものでした。ちょうど、隣の研究所に浜ホトの研究者が来ているとのことで、お呼びして来ていただいたのが豊田さんでした。

それ以降、私も、ずっと、光制御に関わる研究を続けてきており、その中で、様々なSLM応用研究を実施してきましたが、やはり、この技術の最も重要なところは、光の波長オーダーで光を制御することの難しさを実体験して肌で理解いただくことだと感じています。

今回のSIPプロジェクトで、レーザー加工という非常に良い応用分野に焦点を絞った取り組みを進めてきましたので、ぜひ、ここまでに構築した宇都宮や浜松、東大、ドイツの連携をベースに良いチームを作って、この技術を幅広く社会実装するためのアピールをするとともに、しっかり使いこなしていただく技術者を育成していきたいと考えています。

豊田 そうした研究者・技術者が育っていくことで、私たちの夢である光コンピュータの実現も、何らかの形で実現されていくものと期待しています。

関連資料

1）ＳＩＰプロジェクト「バーチャル展示室」
https://www.hamamatsu.com/sp/hq/virtual_showroom/sip/ja/vr/index.html

2）浜松ホトニクス　ＬＣＯＳ-ＳＬＭ（空間光位相変調器）
https://www.hamamatsu.com/jp/ja/product/optical-components/lcos-slm/overview.html

3）宇都宮大学　オプティクス教育研究センター
https://uu-core.com/

4）関連ニュースリリース
世界最大級、高耐熱性の高出力ＣＷレーザー装置向けＳＬＭを開発—浜松ホトニクス（hamamatsu.com）
https://www.hamamatsu.com/jp/ja/news/products-and-technologies/2022/20220412000000.html
世界最高の耐光性能を持つパルスレーザー装置向け空間光制御デバイスを開発：プレスリリース—浜松ホトニクス（hamamatsu.com）
https://www.hamamatsu.com/jp/ja/news/products-and-technologies/2020/20200701000000.html
トピックス—宇都宮大学（utsunomiya-u.ac.jp）
https://www.utsunomiya-u.ac.jp/topics/research/009423.php

インタビュー

3

フォトニック結晶レーザーがもたらす業界のゲームチェンジ

野田進
京都大学工学研究科教授

石崎賢司
京都大学同特定准教授

De Zoysa Menaka
京都大学同講師

本プロジェクトで発展したフォトニック結晶を組み込んだ高性能半導体レーザーは、超小型化・省エネ化が可能であり、スマートモビリティの実現を加速することが期待される。将来の「スマート製造」に向けた要素技術の開発動向とともに、ここで紹介する。

既存の半導体レーザーのボトルネックを解消するＰＣＳＥＬ技術

Ｑ　今回の研究開発を一言でいうと、どのような内容でしょうか。

読者の方々のなじみでいうと、レーザーポインタの中に配置されている非常に小さな光源が、「半導体レーザー」です。この半導体レーザーを、『フォトニック結晶』という新たな構造を組み込むことで、とてつもなく高性能にするのが、今回の研究開発の狙いです。それにより、ＳＩＰでうたっているSociety 5.0の実現に不可欠なレーザー光源に、革新的な進化をもたらすことを目指しています。

実は、現在、世の中で使われている半導体レーザーは、出射されるビームが、極めて大きく広がり、また、非対称な形をしているのが大きな問題になっています(図1左)。そのため、複雑な光学系（レンズ等）を別途用意して、それらを精密に調整しながら、きれいで平行なビームにしなければなりません(図1右)。上述のレーザーポインタも、実は、このような複雑な光学系と精密な調整をしなければ動作しないのです。Society 5.0で

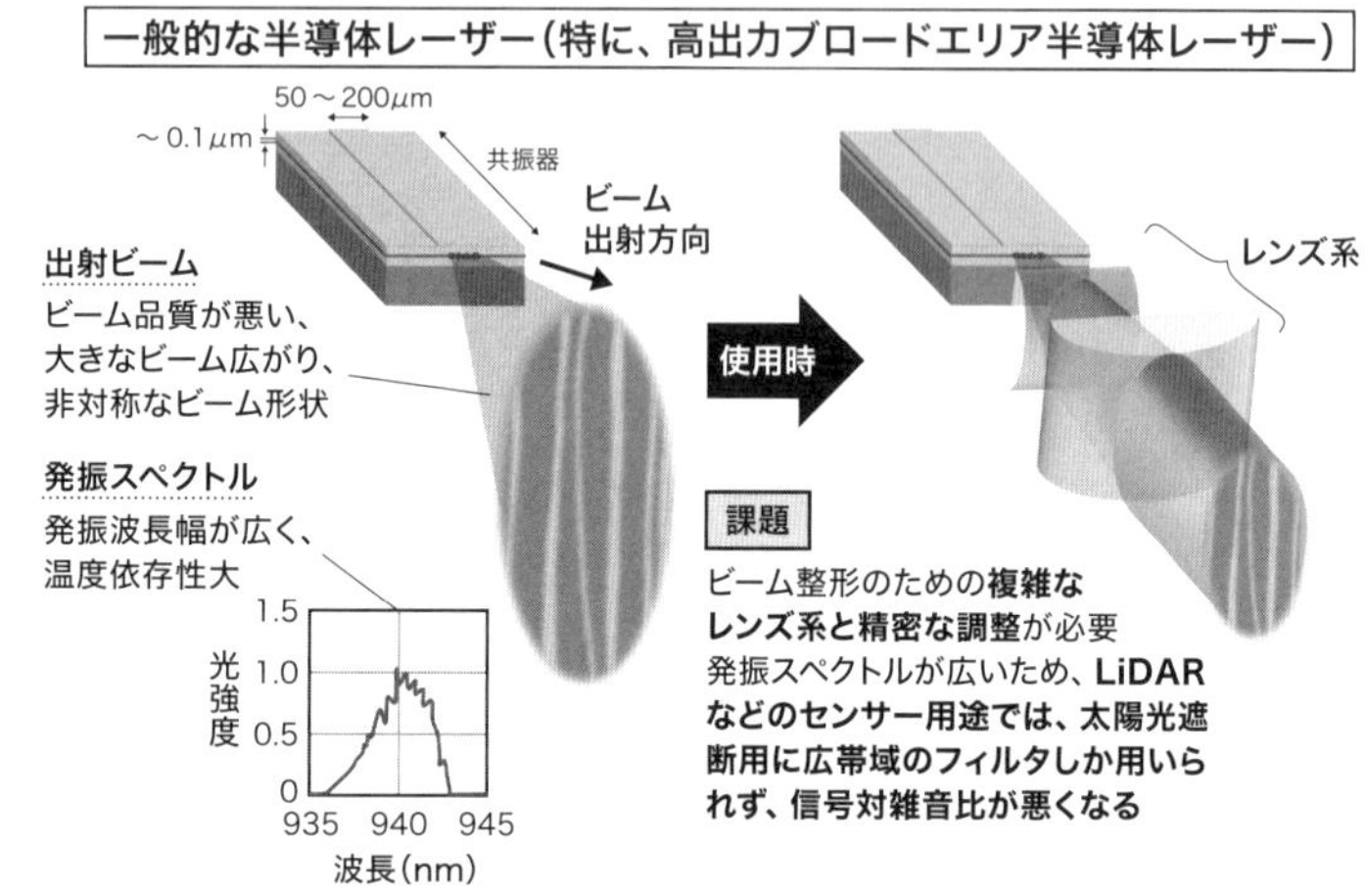

図1　一般的な高出力半導体レーザーの概要

は、このレーザーポインタよりも、遥かに強い光を出射する半導体レーザーが必要になります。

例えば、自動運転を実現するためには、車の目の働きをする、LiDAR《ライダー》（Light Detection and Ranging）と呼ばれるリモート光センサーが不可欠です。LiDARでは、レーザーポインタの1000倍以上強い光を瞬間的に様々な方向に出射して、それが障害物に当たって戻ってくるまでの時間を測りつつ、周りにどのような障害物があるかを検知します（詳しくは、次の項で説明します）。このような強い光を出射するためには、半導体レーザーの面積を大きくしなければならないのですが、そうすると、出射されるビームがさらに大きく乱れ、調整しても、なかなかきれいなビームになってく

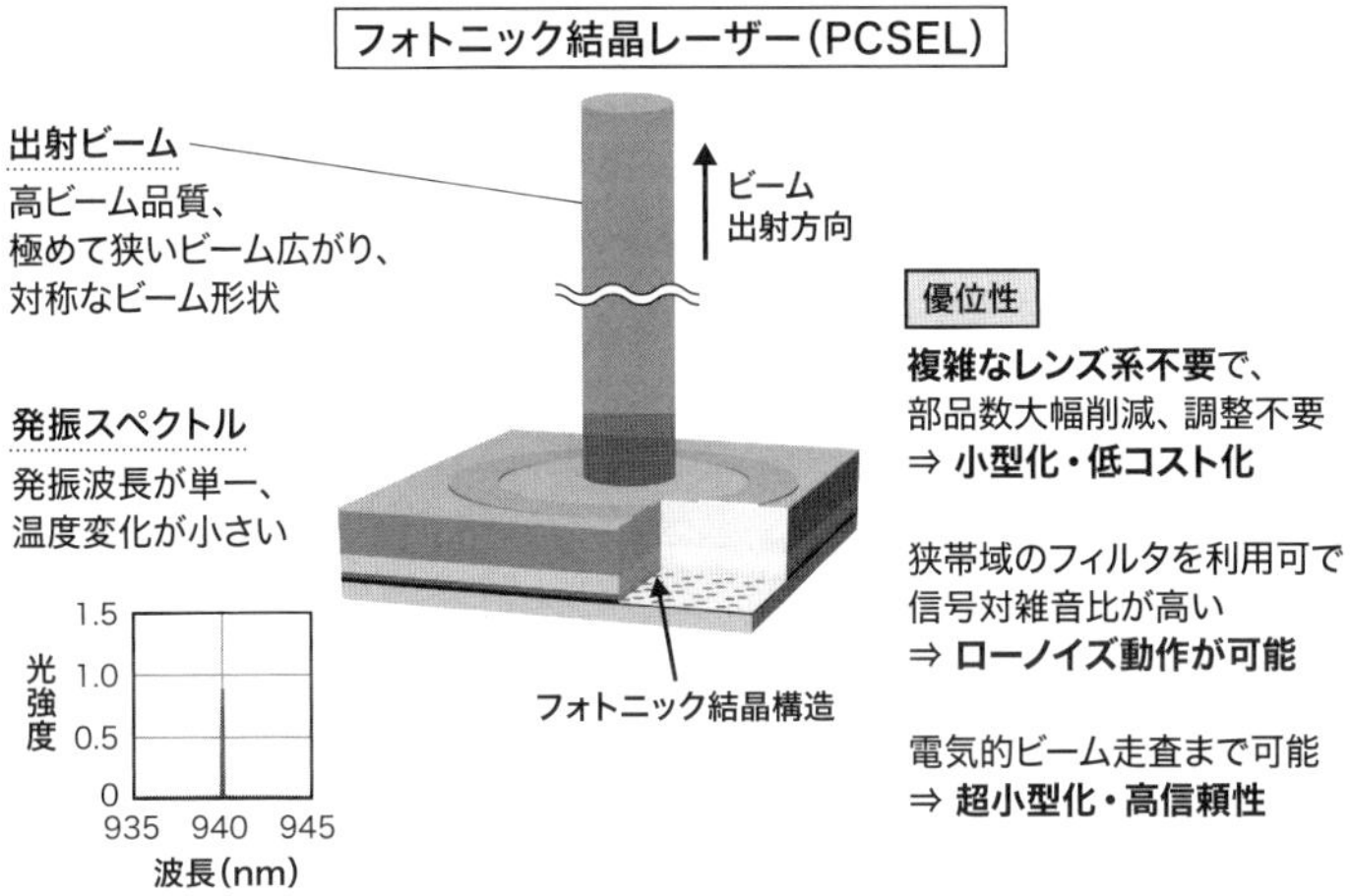
フォトニック結晶レーザー(PCSEL)
出射ビーム
高ビーム品質、
極めて狭いビーム広がり、
対称なビーム形状
ビーム
出射方向
優位性
複雑なレンズ系不要で、
部品数大幅削減、調整不要
⇒ 小型化・低コスト化
発振スペクトル
発振波長が単一、
温度変化が小さい
狭帯域のフィルタを利用可で
信号対雑音比が高い
⇒ ローノイズ動作が可能
光強度
1.5
1.0
0.5
0
935 940 945
波長(nm)
フォトニック結晶構造
電気的ビーム走査まで可能
⇒ 超小型化・高信頼性

図2　フォトニック結晶レーザー（PCSEL）の特長

れません。

これに対して、我々が提唱するフォトニック結晶を活用した半導体レーザーは、図2に示すように、出射されるビームは、ほとんど広がらずに、真っすぐに進みます。光出力を大きくしていっても、ビームが乱れることはありません。我々は、このレーザーを、フォトニック結晶（面発光）レーザーと名付けています。英語で、Photonic-Crystal Surface-Emitting Laserとなりますので、その頭文字をとって「PCSEL《ピクセル》」とも呼びます。

後ほど説明しますが、PCSELは、ビームが広がらずきれいであること以外に、通常の半導体レーザーよりも優れた点をいくつも有しています。例えば、ビームの出射方向を電気的に自在に走査したり（注：通常の半導体レーザーでは、外部に反射鏡を置いて、それを機械的に動かさないとビーム走査ができません)、また、ビーム形状を、自由自在に変えたりすることができます。

図3には、このようなPCSELにより広がる、Society 5.0の世界が描かれています。上述の自動運転に代表されるスマートモビリティのみならず、自動でものづくりができるスマート製造、さらには、気象、医療、エンターテインメントなどのあらゆる分野でPCSELが革新を起こしてくれるものと確信しています。

LiDARセンサーの革新でスマートモビリティを加速する

Q　スマートモビリティ分野では、どのようなブレークスルーが期待されるのでしょうか。

スマートモビリティの分野では、工場のロボットや、農業機械・建設機械の自動走行、さらには、車の自動運転などを含めて、様々なものを自動で動かしていくことになります。そのためのコア技術の一つが、すでに説明した、光を用いたリモートセンシング技

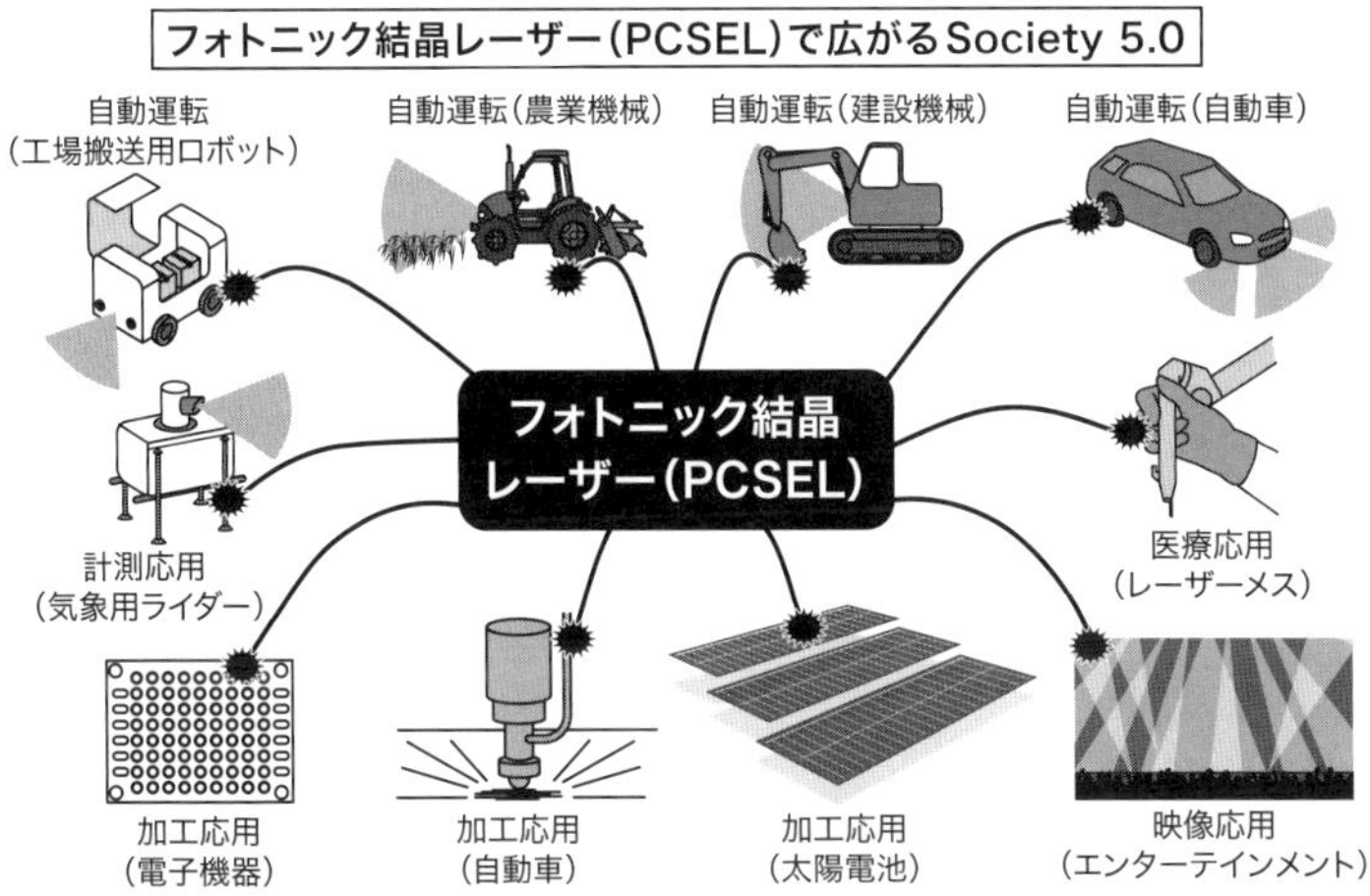

図3　フォトニック結晶レーザー(PCSEL)で広がるSociety 5.0のイメージ

術：ＬｉＤＡＲです。ＬｉＤＡＲは、レーザー光を物体に照射し、反射・散乱されて帰ってくるまでの時間を計測することで、障害物の位置や距離を測定するセンサーですが、これまでは、既存の質の悪い半導体レーザーを使うしかありませんでした。

しかし、既存の半導体レーザーのボトルネック等により、自動運転は、あまり進んでいません。繰り返しになりますが、長距離の距離測定を行うＬｉＤＡＲに用いられるような、出力の高い半導体レーザー（ブロードエリア半導体レーザーと呼ばれます）は、ビーム品質が悪いことに加えて、発振スペクトルが広いという問題があります（図１）。このような半導体レーザーを何とか使おうと、複雑なレンズ系を使ってビーム形状を整形するなどの努力をしているものの、複雑な光学部品やその調整のために高価になってしまいます。さらに、無理やり整形するため、性能（例えば、分解能など）が上がりきらないという課題があります。世の中でスマートモビリティがなかなか進まない原因の一つが、ここにあります。

フォトニック結晶を用いたPCSELは、光の波長の周期で設けた周期的屈折率分布により共振状態を精密に制御しつつ、光出力を面垂直に出射させるものです。デバイス面積を拡大しても、ビーム品質が非常にきれいに保たれ、出射されたビームがほとんど広がらないという特長があります。特に、「2重格子フォトニック結晶」と我々が名付けたフォトニック結晶構造を用いることにより、ミリメートルからセンチメートルという半導体レーザーの中では極めて大きな面積までデバイスを拡大してもきれいな共振状態を保てることが明らかになってきました。つまり、PCSELにより、輝度（単位面積・単位広がり角あたりの光パワー）が非常に大きくできるのです。その結果、大型の気体レーザーやファイバーレーザーに遜色のない高い輝度が、遥かに小さいPCSELによって期待できるわけです。

このようなPCSELの特長を利用して、まず、レンズフリー、調整フリーなLiDARを、ユーザー企業と協力してつくりました。その結果、円形のきれいなビームにより、高い空間分解能が得られることがわかりました（図4）。また、併せて、発振波長の温度依存性が極めて小さくできるため、太陽光の影響を大幅に低減することも可

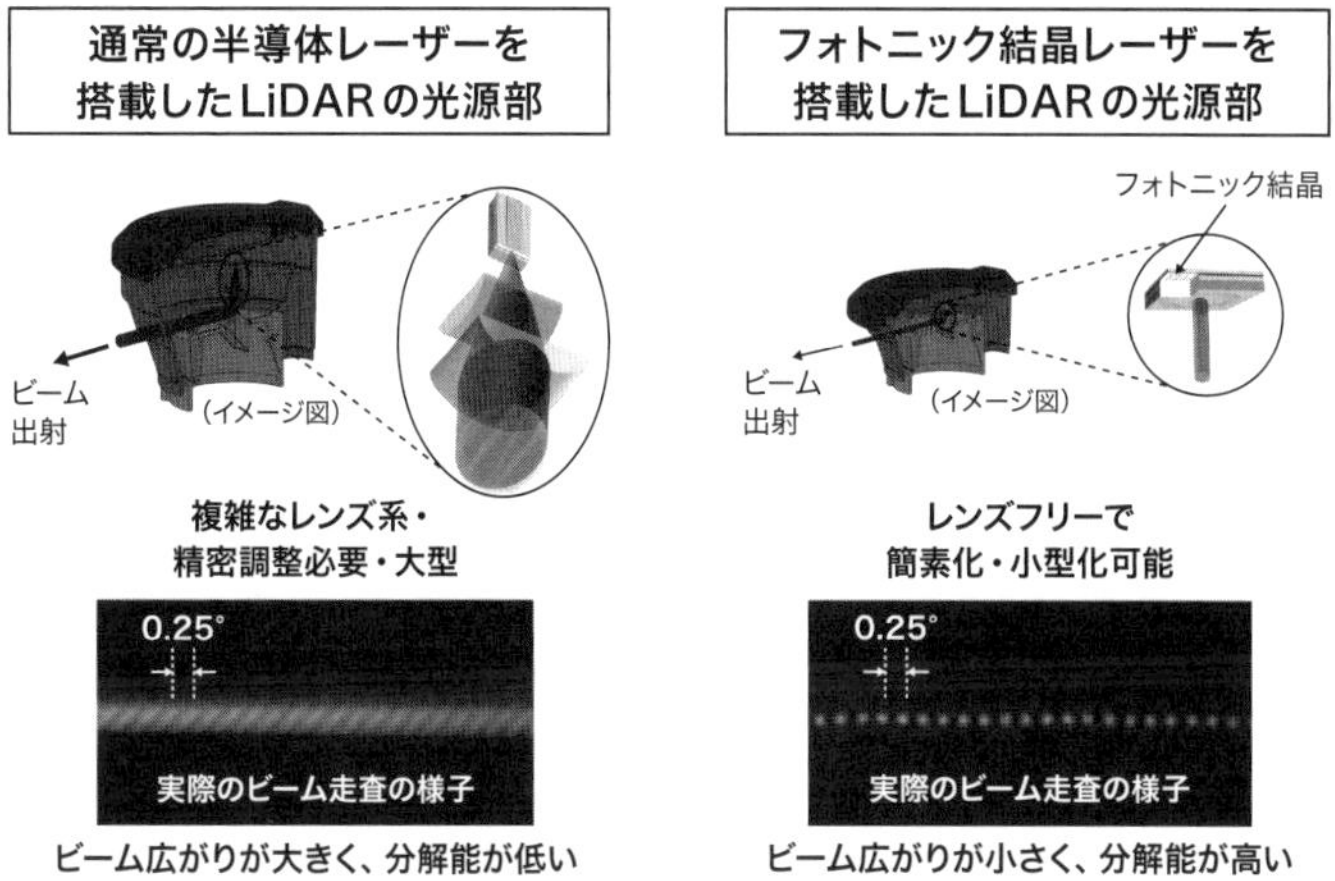

図4　レンズフリーPCSELを搭載したLiDARの構築

能になると期待されます。図5には、クラス最小の小型・高分解能ＬｉＤＡＲの実現に成功した例を示しています。ＰＣＳＥＬは、世界で開発されているほとんどのＬｉＤＡＲに適用可能で、そのシステムの小型・簡略化に大きく貢献することが期待されます。

さらにＰＣＳＥＬは、他のレーザーではできない、高い機能性を実現することもできます。通常のレーザー（気体レーザーやファイバーレーザーを含む）の場合、それら単体で、ビームを電気的に走査したり、ビーム形状を変えたりしようと思っても、実現できません。そのため、外部に機械的なスキャナーをつけてビームを走査したり、レンズや回折光学素子等を組み合わせてビームの形を変化させたりする必要があり、大掛

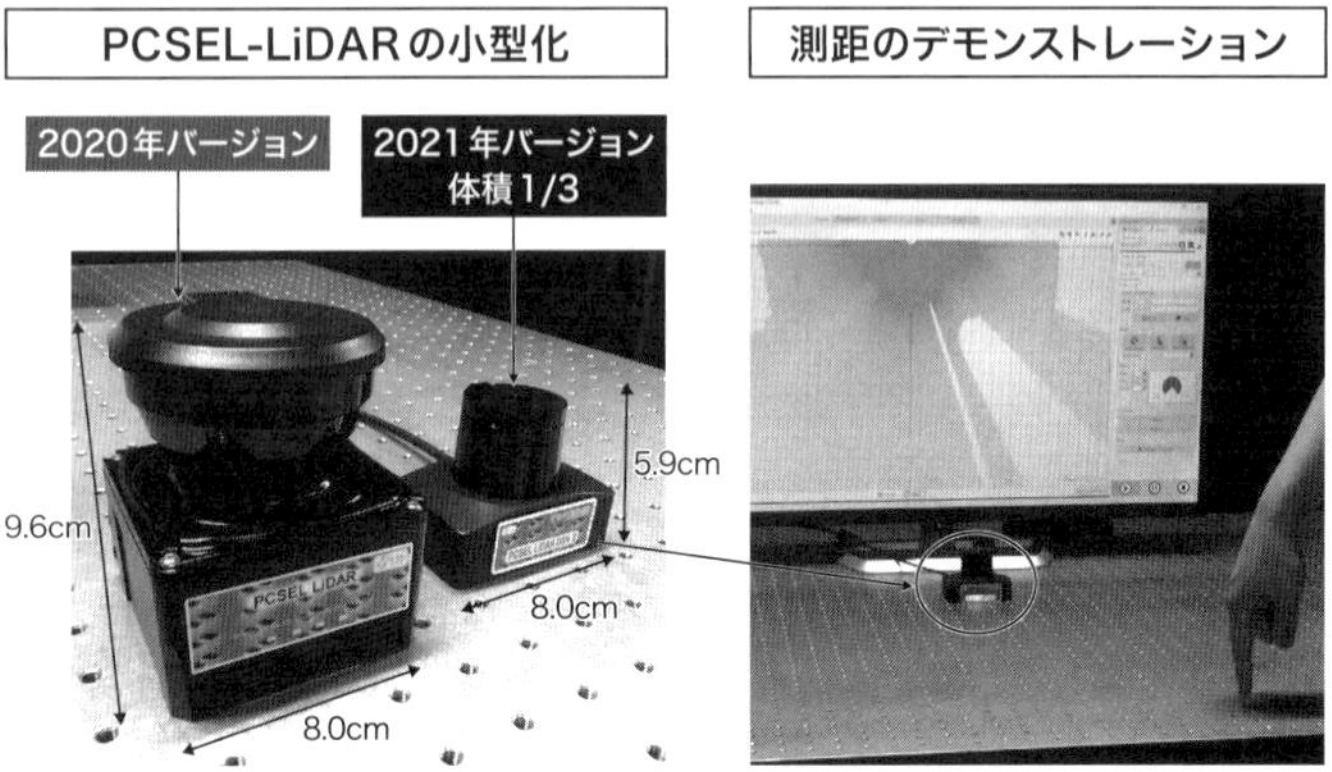

図5　クラス最小の小型・高分解能LiDARの実現

かりで複雑なシステムになります。一方、PCSELは、フォトニック結晶の構造を工夫するだけで、ビームを走査したり、広範囲に均一なビームを出したり、多点のビームなど任意の形状のビームを出射したりすることまで可能です（図6）。

このようなPCSELの高い機能性を利用した、新たなLiDARシステムの構築も、ユーザー企業と協力して行っています。例えば、フラッシュ照射およびビーム走査可能なPCSEL2つと、測距カメラを一体化した、視野範囲30°の測距が可能な非機械式の超小型3次元LiDARをつくりました（図7上）。本LiDARにより、フラッシュ照射のみでは検出が困難な反射率の低い黒い物体でも、2次元ビーム走査レーザーで同時にスポット照射することで、

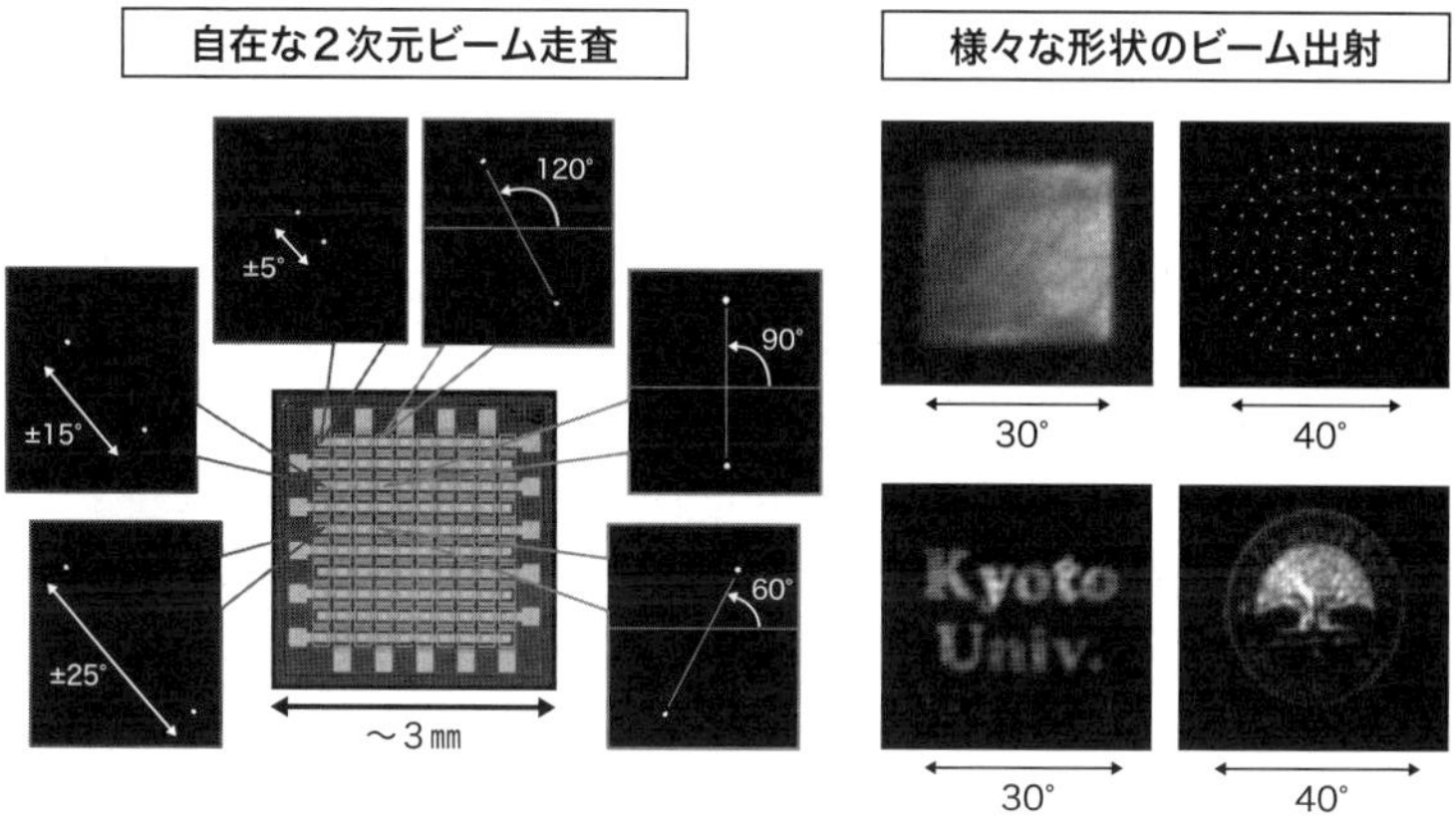

図6　PCSELによるビーム走査(左)と、様々な形状のビーム出射の様子(右)

測距が可能となることを実証することに成功しています(図7下)。この結果、フラッシュ方式とビーム走査方式の両者の利点を同時に用いた、新たなLiDARが誕生しました。

従来のLiDARは、基本的に機械的な部品を使っていたり、質の悪い半導体レーザーのビームを整えるための光学系がたくさんあったりして、大型かつ複雑ですが、PCSELにより、すべて半導体のチップで構成できるようになります。これらの特長により、超小型で低コストなLiDARを、必要なところに必要なだけ搭載することが可能になり、スマートモビリティを完全に実現させることが可能と考えています。

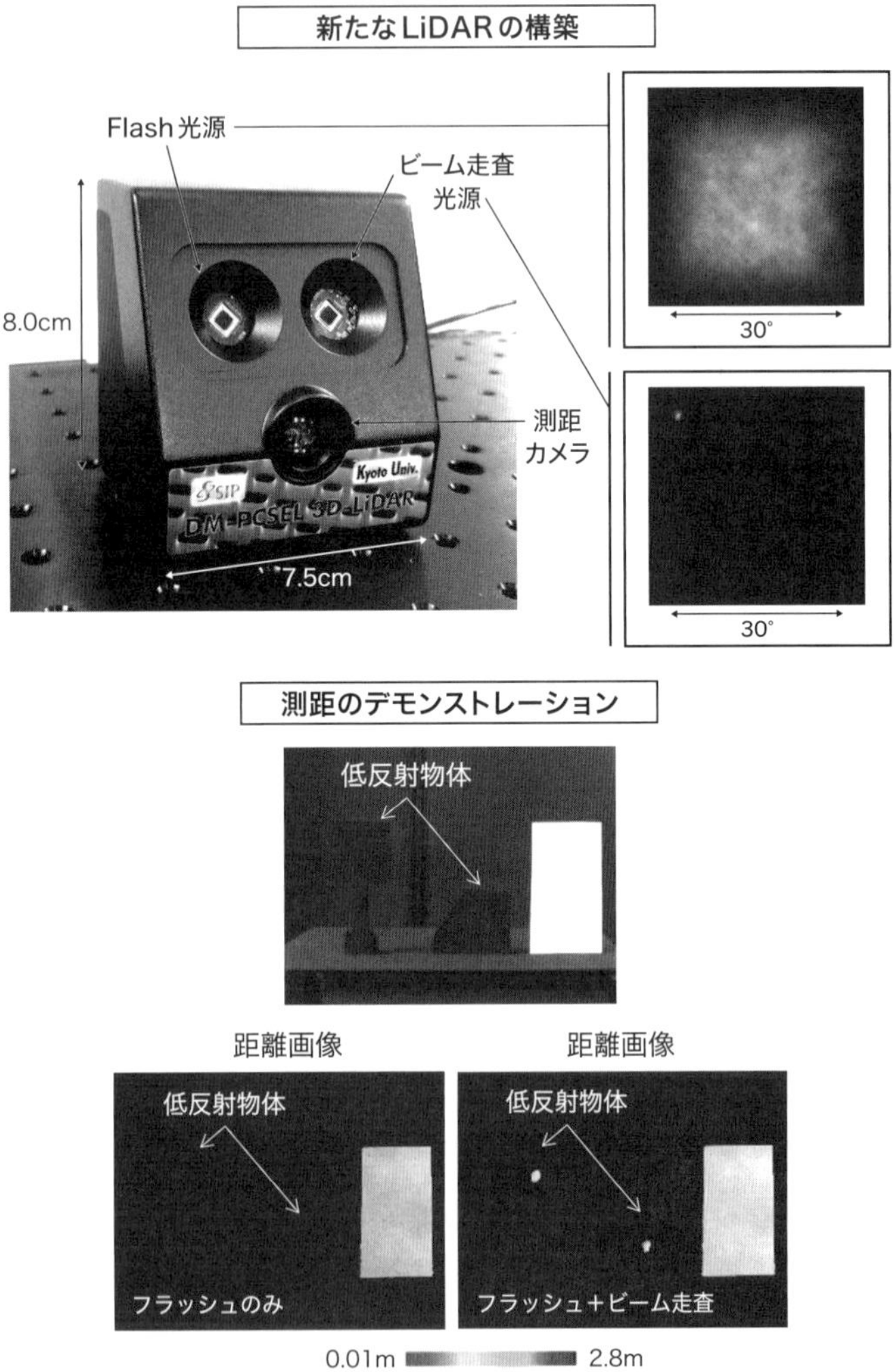

図7　レンズや光学系フリーで、フラッシュ照射やビーム走査可能なPCSELを搭載した新たなLiDARの実現

PCSELを使った超小型レーザーシステムでスマート加工を実現

Q スマート加工の領域では、PCSELはどのように活用されていくのでしょうか。

Society 5.0では、高度なデジタル化された製造プロセスが重要です。そしてその中で、レーザー加工の果たす役割は極めて大きいといえます。しかしながら、既存の半導体レーザーは、光出力を増大させるとビームの品質が大きく低下する、すなわち輝度が低いために、単位面積当たりの光の強さが、様々な加工に用いる閾値を超えるほどに集光できないため、残念ながら、ほとんど使うことができません。

そのため、現状では、気体レーザー（特にCO_2レーザー）やファイバーレーザーが使われていますが、それぞれ、大きな課題があります。CO_2レーザーは、非常に大きく、1mあるいはそれ以上のサイズになります。かつ、効率が低く、10％程度なので、90％のエネルギーを捨てており、カーボンニュートラルを考えると非常に問題があります。ファイバーレーザーも、非常に大きいです。実は、ファイバーレーザーには、ビーム品質の悪い半導体レーザーが多数（100個以上）内蔵されていて、ビームをきれいにするために光ファイバーが使われています。光ファイバーの中にイッテルビウム等の原子を添加し、その原子を半導体レーザーで励起して、そこからきれいなビームを出しています。このようなシステムのため、複雑かつ大型であり、効率についても、半導体レーザーとファイバーレーザー部分の積になるので、限界があります。

ＰＣＳＥＬは、先に説明したように、半導体のチップで、高い出力と高いビーム品質を得ることができます。最近はスケーラブルな設計も可能になってきたので、例えば、わずか直径１～３㎝の発振面積のデバイスで１～10kWもの光出力を出せるようになると期待されます。つまり、CO_2レーザーやファイバーレーザーなどの１m超の巨大なレーザーを、わずか１～３㎝程度のチップで置き換えることができるようになります（図8）。カーボンニュートラルを考えたり、コストを考えたりしたときに、半導体にしてしまえばチップにできるため、圧倒的に有利になります。さらに、半導体レーザーは、電流のオン・オフで簡単に制御できるため、デジタル化にも適しています。

現在すでに、直径１㎜の発振面積で10W級の光パワーのＰＣＳＥＬを用いて、金属の表面加工を実現することに成功しています（図9）。また、直近では、直径３㎜のＰＣＳＥＬで、50Ｗを超える光出力を連続的に出射できることを示すことにも成功しています。今後、ますますパワーを増大させていくことで、CO_2レーザーやファイバーレ

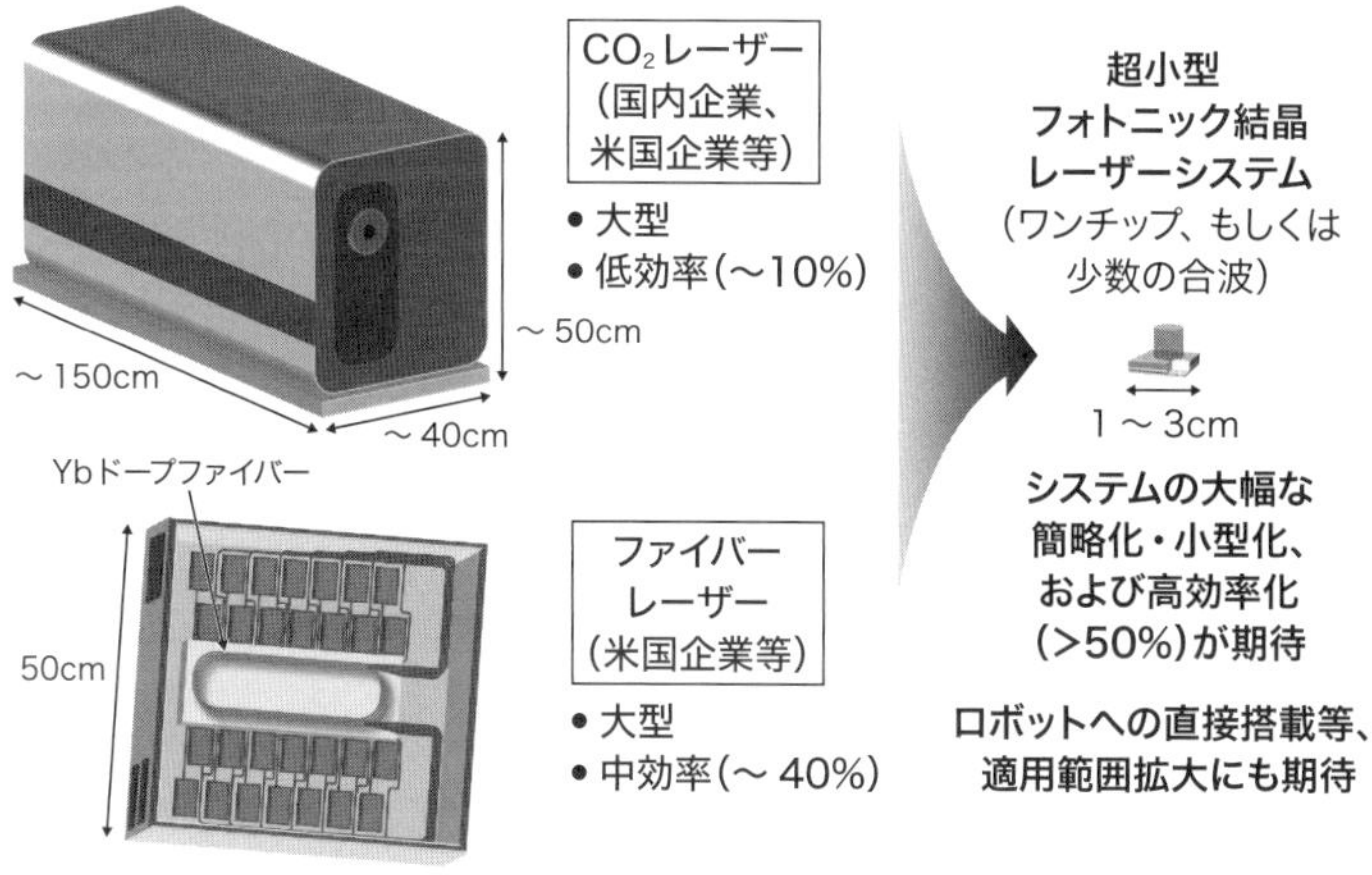

図8　加工分野におけるPCSEL

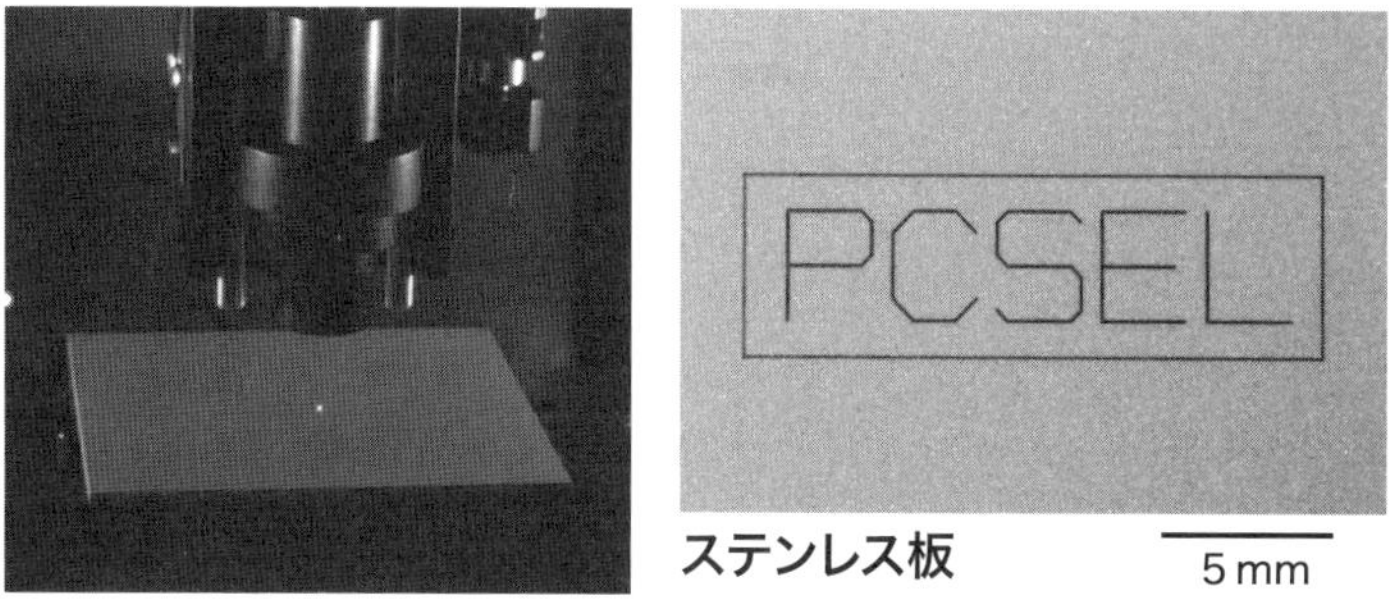

図9　PCSELによる金属表面加工のデモンストレーション

ーザーを置き換え、スマート製造をどんどん進めていく、3Dプリンターも含めて広く発展させていくということに、大きく貢献できると思います。

フォトニクス半導体分野で日本は世界を席巻できる

Q　PCSELにより、世界中でゲームチェンジが起こる可能性はあるでしょうか。

かつて、CO_2レーザーは、世の中のレーザー加工技術を席巻していました。CO_2レーザーは、日本の企業が世界をリードした技術で、世界中で使われていました。ところが、米国からファイバーレーザーが出てきて、その構図が大きく変わりました。海外の企業の技術が、世界を席巻したのです。しかし、ファイバーレーザーは、先にも述べたように、そもそも極めて多数の半導体レーザーからの光出力を、ファイバーにて合波し、発振させて、半導体レーザーの欠点を補うというような仕組みになっているために、複雑、高価で、また効率に限界があります。

ＰＣＳＥＬにより、業界のゲームチェンジが起こる可能性があると考えています。現状、１kWで数百万円もする加工用のレーザーが、半導体レーザーにすることで、半導体チップの値段に代わるので、圧倒的に安くなります。レーザー発振器そのものは、10分の１から１００分の１程度の価格になる可能性があります。さらに、最近、注目を集めるデータサイエンスにもマッチングしており、デジタル化の最先端を行くことができると期待されていて、カーボンニュートラルにも資すると考えられます。

実際、それを感じている企業が、現在、増えてきており、ＰＣＳＥＬを使いたい、ＰＣＳＥＬ技術を学びたいと言っていただいています。世界でも、半導体レーザー単体でパワーを増大するための研究を行っている機関が増えつつありますが、幸いにも我々のＰＣＳＥＬが他を圧倒している状況です。最近、『Nature Communications』に、我々の論文が掲載されましたが、これは、まさに、スケーラブルな設計可能性を示唆したものので、世界的にも注目されており、海外からも、非常に多くの問い合わせが来ています。

スマートモビリティの分野においても、すでに述べたように、従来の半導体レーザーでは、レンズで調整したりしながら、システムを組み上げていくことが必須であったため、コストが上がっていたのが、レンズフリーのＰＣＳＥＬに置き換わることで、低コスト化が進んでいくと思います。さらに、ＰＣＳＥＬの高い機能性により、半導体チップだけで様々なビームの走査や整形までできます。やがて、レーザー光源も受光素子も、すべて半導体のチップだけでできるようになり、どんどん小さくでき、かつ、コストはチップの値段だけになっていきます。

半導体産業の中で、演算やメモリー等の集積回路に代表されるエレクトロニクス分野の半導体では、日本は海外に押されていますが、レーザー等のフォトニクス分野の半導体では、ＰＣＳＥＬ技術をもって、世界を席巻できるかもしれません。

ＳＩＰプロジェクトを通じて国内外企業や研究機関と連携

Q　多くの企業と連携されているとお聞きしましたが、どのように取り組まれていますか。

ＳＩＰプロジェクトを通じて、社会実装に向けた活動を加速しています。英語版のＰＣＳＥＬ拠点のＷｅｂページ（https://pcsel-coe.kuee.kyoto-u.ac.jp/）も作って、日本だけでなく、世界にも発信しています。我々は、世界に類を見ないＰＣＳＥＬ技術をもっていますので、国内外の81以上の企業・機関から様々なアプローチがあり（図10）、経済安

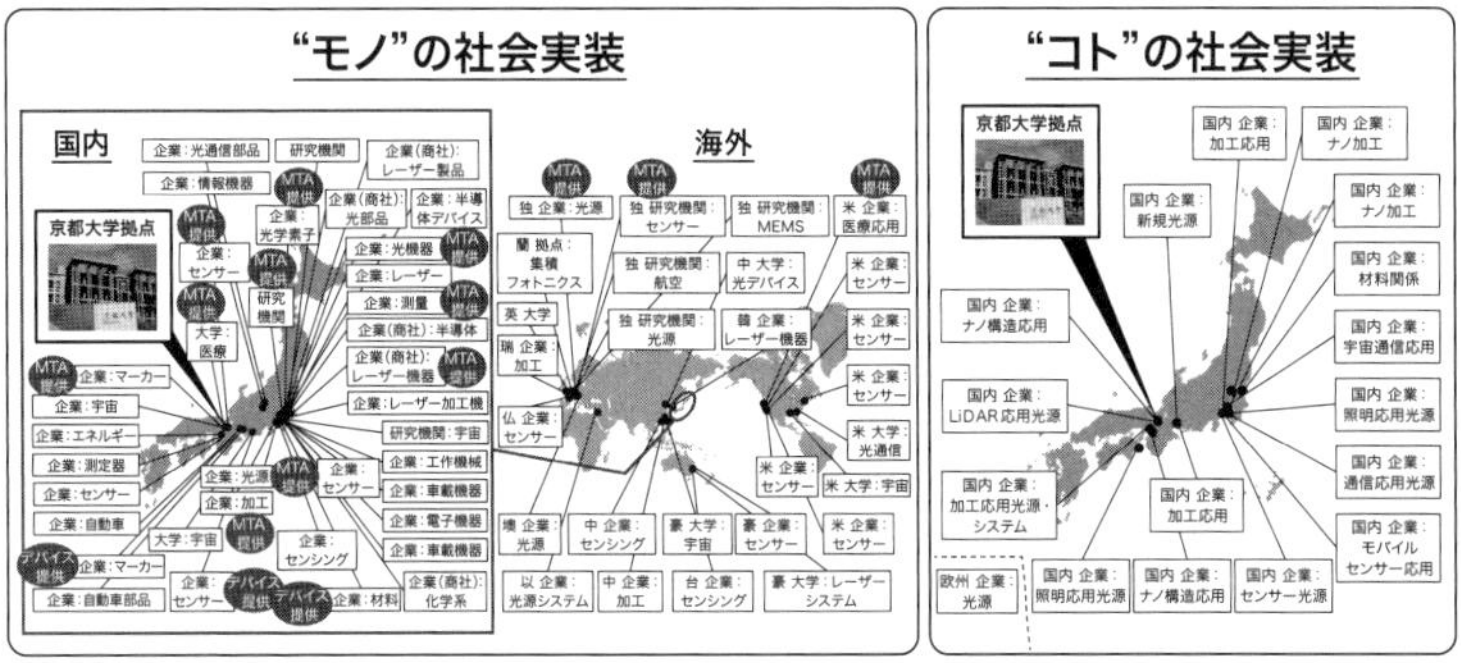

注：社名は伏せ、分野のみ記載

図10　様々な形での連携の広がり

全保障の観点には注意しつつ、比較的オープンに対応してきました。その中で、ぜひ京都大学拠点と一緒に進めたいという仲間が増えてきています。現在、そういった仲間に対して、技術をお教えしたり、ＰＣＳＥＬそのものを皆さんにお使いいただいて、その良さを実感していただいたり、実際にシステムに組み込んでいただいたりしています。こういった活動は、ＳＩＰゆえにできたことであると思います。

具体的な連携の一例として、ＰＣＳＥＬでいろいろな形のビームが出せるという特長を生かして、センサーへの応用を狙っているグローバル日本企業との連携があります。ＰＣＳＥＬにより、例えば、人間の顔の形を出すことや、複数点を一気に出すこともできます。こういうレーザーと、検出器をチップレベルで組み合わせた、超小型のＬｉＤＡＲに向けた開発に取り組んでいます。この企業は、連携をぜひ強化していきたいということで、京都大学に寄附講座も作り、大きな連携がスタートしています。

また、半導体の結晶成長が得意でも、フォトニック結晶については不案内である企業には、ＰＣＳＥＬウェハを作るために、連携拠点に参画していただいています。また、ＰＣＳＥＬは、金属加工用途のみならず、３Ｄプリンター光源としても、非常に良いレーザーになり得ますので、３Ｄプリンターの大手の企業とも連携を開始しています。他にも、広がらないビームを生かした衛星間通信を将来的にやっていきたいという企業とも、大型の共同研究を開始しました。さらに様々な波長（青、緑、光通信波長域）のＰＣＳＥＬの製造に関心のある企業などとも、多くの共同研究を行っています。

グローバルな連携も、活発に行っています。アメリカやオーストラリアの大学グループからは、宇宙での推進エネルギーとして使いたいといった、大面積かつ高出力で動作することを生かしたような、夢を持ったアプローチもあります。ドイツのフラウンホーファー研究機構と、新たなＬｉＤＡＲを作っていく共同研究をすでに開始していて、そこにＭＥＭＳを組み合わせるといった形で、連携が拡張しています。最近は、イノベーション先進国であるオランダの研究開発拠点からも、オファーを受けていて、直近では、フォトンデルタとＭＯＵを結びました。また、オランダのハイテクキャンパスでは、

ＰＣＳＥＬとＰＣＳＥＬ搭載ＬｉＤＡＲを展示しました。他にも、医療関係の企業からのアプローチなどもあります。大きい企業もあればスタートアップ企業もあり、多くの皆さんから、ぜひＰＣＳＥＬを使いたい、あるいは共同で開発したいと言っていただいています。

スケーラブルなレーザーであるＰＣＳＥＬがゲームチェンジを引き起こす

Q 海外からの引き合いも強いということですが、どのようなテーマに関心が高まっていると感じられていますか。

海外との連携の一部については、上述のとおりですが、スケーラブルなレーザーというのが、現在、世界中で求められていると感じます。ＰＣＳＥＬは、二重・三重のスケーラビリティをもっています。一番重要なのは、面積が大きくてもきれいなビームを出せるレーザーだということです。本当に面積を大きくしていっても、そのまままきれいに動いていく、だからこそ、CO_2レーザーやファイバーレーザーも置き換えられるということです。逆に、小さくしてもきれいに動くので、非常に高速で動かす応用においても期待されています。例えば、データセンター間の通信にも使うことができるかもしれません。このように、大きいところから小さいところまで、すべてに対応することができます。このようなスケーラビリティは、これまでの半導体レーザーにはなかったものです。

このような大きさのスケーラビリティが、結果的に応用のスケーラビリティにつながっていると言えます。いろいろな応用に応じて、大きさを変えていけばよいので、小さい応用から大きい応用まで共通して使えます。さらに、時間的にパッと光を出してあとは出さない（短パルス動作）、または連続的に光を出す（CW動作）なども自由に実現することもできますので、応用範囲は非常に広くなります。

一方、波長（色）のスケーラビリティもあります。現在は、主に、940nm（ナノメートル）帯のレーザーの開発をしていますが、企業とも連携して、青〜青紫や緑色といった可視光にしたり、逆にもっと長く、1.3〜1.5μm帯の通信・アイセーフ波長にしたりすることもできています。フォトニック結晶の根本の原理は同じままで、半導体の材料をうまく選んでいくことで、用途に応じた波長で動作させることができるということです。これも応用範囲を広げることにつながっていきます。

このように、二重・三重のスケーラビリティをもつPCSELの開発状況は、最近、

『Nature』の特集記事『Focal Point』でも取りあげられました。〝Semiconductor lasers: transforming manufacturing〟、〝Compact lasers set to drive autonomous machinery〟、〝Laser tech that could cut into manufacturing emissions〟という3つの記事で、製造業に変革をもたらす、自律型機械を駆動する、製造時のCO_2排出量を削減できる、という魅力的なレーザー技術であると評価していただいています。これらの記事は、ますます世界の関心を集めるものと思います。さらに、『Nature』のみならず、様々な雑誌や、企業・研究機関など、海外からも非常に高い関心をもたれており、日本だけのテクノロジーではなく、世界のトップのテクノロジーとして、非常に反響が大きい状況です。

SIPにおける企業対応や技術的バックグラウンドがPCSELの社会実装を加速

Q 社会実装で苦労したこと、それに対して工夫して取り組んだようなことはありましたか。

PCSELは、我々が、1999年にそのコンセプトを提案し、20年を経た今、まさに、社会実装の本格的な段階へと発展してきました。着想を得た1999年頃から、「面積を大きくしてもきれいに動く」というキーワードを一貫して使っていました。そうはいっても、最初は、50㎛くらいの、今と比べると随分小さなレーザーからスタートしていました。しばらくは、実証途中であったこともあり、関心をもってもらうところまでは行くけれども、まだ、社会実装への一線を越えることはできないということがありました。

このような状況を変えることができるようになったきっかけは、2013年の末から科学技術振興機構のACCELというプログラムが始まったことが挙げられます。ここから、基礎技術をいかに社会実装していくかという観点で、かなり大型の予算がつき、研究を加速することができました。それまでは、例えば、半導体の結晶成長の装置を、大学では持っていなかったので、共同研究をしながら相手企業にお任せしていました。そのため大学で行っていた高度な理論検討と、実際のデバイスの特性とが、完全に結びついていませんでした。そこが、大面積化などがなかなかうまく進みきらなかった一つの原因です。この2013年からスタートしたプログラムの中で、自分達のところで結晶成長を行うことができるようになり、かつ非常に微細なフォトニックナノ構造を作る装置も導入できました。そこから、実験的なデバイス作製と、体系的な理論の構築・分析を、まさに両輪として研究を行い、急速に伸びました。

このように、ACCELプログラムをきっかけに、花開きかけたPCSELを、今回のSIPにうまくつなぐことができ、そのおかげで、飛躍的な発展が得られました。SIPは社会実装を本気で目指すプログラムです。研究開発はもちろん、実際に使ってもらうために、PCSEL拠点を整備し、窓口人員を配置したり、海外との交渉のために、弁護士事務所と連携したり、PCSELを作製するための人員の増強として、モノづくり人材を派遣会社から派遣してもらったりするなど、体制の整備にも重点を置くことができました。実際、拠点に、どんどん問い合わせが来るので、窓口対応も大変です。海外の企業や機関は、ドイツを含めて、とても契約に敏感なので、いろいろなところと契約を結ぶ際に、弁護士の力も不可欠です。社会実装を進めていく中で、SIPの評価委員の先生方から、人手が足りないのではないかというコメントをいただき、それに合わせて、西田PD、安井サブPDに、機動的なマネジメントをしていただいて、このような形で、SIPならではの仕組み作りもできたと感じています。

また、技術的には、より高度なフォトニック結晶が実現できるようにそれぞれ作製装置をアップグレードできたことが重要でした。面積を大きくするということは、設計・理論計算も極めて高度なのですが、その作製も一工夫が必要です。フォトニック結晶構造のパターニングには、電子ビーム露光装置を使いますが、SIPの研究開発を始めた頃は、電子ビーム露光で均一に描ける領域が限られており、数百μm程度が限界でした。

そのため、大きい面積をきれいに描けるかどうかというところが、当初、難しいと思っていました。

SIPでは、この壁を乗り越えることにも取り組み、ある技術を、装置メーカーと議論を重ね、工夫することで、今では、どんなに面積を大きくしても高精度にナノ構造を作製できる技術を確立することができました。そして、平均的な揺らぎを1nm以下に抑えることもできるようになりました。このおかげで、実際に、1㎜やそれ以上の大きい面積でもきれいに動かせるようになりました。このように、装置メーカーとのパートナーシップがSIPのおかげで磨き上げられて技術が大きく進歩したところにも、大きなブレークポイントがあったと言えます。また、最近のブレークスルーは、ナノインプリント技術を用いて、ほぼ電子ビーム露光技術と遜色のない、デバイス特性が得られたことです。今後、この技術を発展させることで、大量のPCSELが極めてローコストで作製できるのではと期待しています。

SIPにおいては、企業からの関心が高まる中で、企業対応という大学においては難しいかじ取りを求められたことに対しても、PCSEL拠点を形成して対応してきました。それと同時に、技術的なバックグラウンドの応援も本格的に行っていただき、さらに設備を大幅に拡充することが可能となった結果、企業の投資に結びつくような活動が積極的にできるようになったと思います。こうして、PCSELの社会実装が、大きく進みました。

量子計算がPCSELの最適設計に貢献する

Q 成果をより広く社会実装するために、工夫されていることはありますか。

PCSELに、最近のAIも含めて、新しい技術をどんどん取り込んでいます。PCSELの性能を良くするために、例えば、環境に応じてレーザーが劣化しても補正するような学習をしておくといったような、最先端の技術を取り込みました。

さらに、設計においては、量子計算も駆使して、より良い設計を日々進化させています。実は、PCSELの研究開発チームは、京都大学の大型計算機センターのモーストヘビーユーザーの一つです。これまでの大型計算機では、古典的な計算を行っているわけですが、最近では、大面積高輝度PCSELの最適設計をより早く、より高度に行うために、量子アニーリング技術を使い始めました。量子アニーリングでは、イジングモデルと呼ばれる典型的な式がありますが、そこにうまく物理現象をもっていく必要がありました。それが、今までに培ってきていた高度な理論、ＰＣＳＥＬの製造のデジタルツイン形成と相まって、ＰＣＳＥＬの設計に適用することが可能になりました。つまり、ＰＣＳＥＬのデザインには相性が良いという印象を持っています。

量子アニーリングについては、実際の産業に使えるか疑問を持っている方も多いと思います。実際、実装するものに対して、相性があると思います。もともと、我々は計算技術を高めていたのですが、ＳＩＰの課題内連携として、慶應義塾大学・早稲田大学と連携したことをきっかけに、計算技術と量子計算のマッチングがうまくとれるようになりました。幸いにも、半導体デバイスの設計に、量子計算を使うことができるという一端を示すことができました。そこで、今後は、さらなる量子計算活用の高度化を進めつつ、様々なビーム形状を出せる高機能なＰＣＳＥＬへの展開なども図っていきたいと考えています。

インタビュー

4

九州半導体アイランド実現に向け量子コンピューティングシステム研究センター設立

白谷正治

九州大学
副学長
大学院システム情報科学研究院
情報エレクトロニクス部門 教授

池上浩

九州大学
大学院システム情報科学研究院
電気システム工学部門 教授

２０１９年度から本プロジェクトに参画した九州大学では、ＡＩを導入して半導体製造プロセスの革新に取り組んでいる。メーカーとの「共創の場」であるＣＰＳ化推進半導体拠点を構築し、半導体工場での量子コンピューティング導入に向けた支援を本格化している。

ＳＩＰ第２期に参画し、組織対応型連携を実現〜新時代の産学連携のかたちとは〜

Ｑ　九州大学がＳＩＰ第２期の参画に至った経緯を教えてください。

池上　九州大学では、２０１１年9月にギガフォトンNextGLP共同研究部門（NextGLP：Next Generation Gas Laser Processing）を設立しています。世界トップクラスのリソグラフィー用光源のメーカーであるギガフォトン社製の高出力紫外レーザーを大学に設置し、半導体製造工程への適用を目指したレーザープロセシングの研究・開発を行ってきました。

本部門では、レーザーユニットプロセスの研究を行うレーザープロセス開発、デバイス動作でレーザープロセスの優位性を実証するデバイス動作実証、製造装置としての市場投入を目指す社会実装活動の各段階に分けてテーマを推進し、デバイスメーカーや製造装置メーカーとも協業し、シーズ・ニーズ両面から国際競争力の高い新しいレーザー産業分野の創造を目指した活動を行っていました。この活動形態を図1に示します。

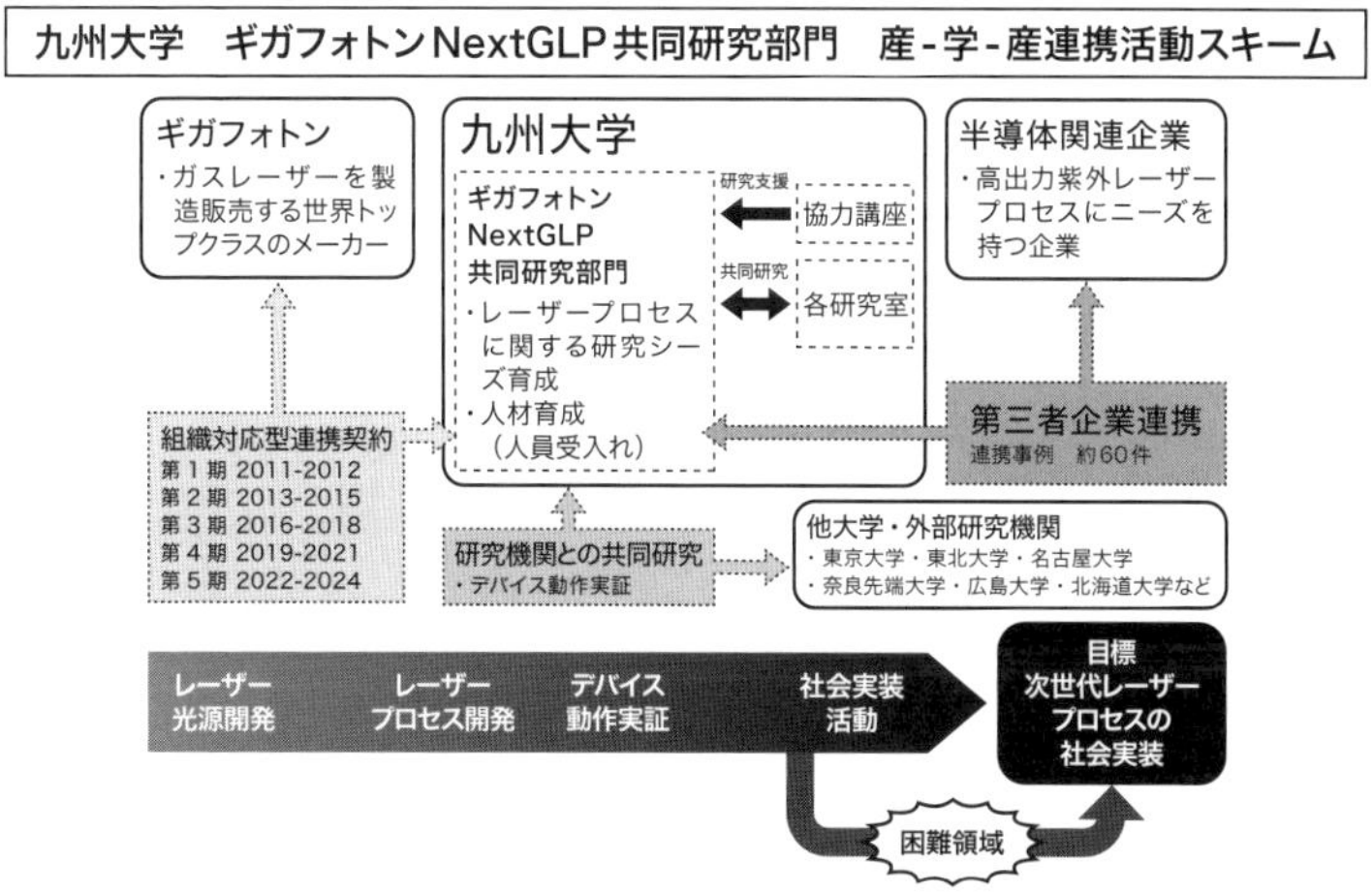

図1　九州大学 ギガフォトンNextGLP共同研究部門　産-学-産連携活動スキーム

具体的には、九州大学とギガフォトンとで組織対応型連携を締結し、研究開発に要する資金や装置の提供を受けます。大学側は研究推進に必要な研究者や環境を提供し、大学側が中心となって研究活動を推進します。ギガフォトンからは大学の学術研究員として人員を受け入れ、半導体技術者の育成を行っていたことも特色となります。

半導体プロセスの開発においては、研究開発の対象が単一プロセスであっても、実際にデバイスを製作して電気特性を評価することが必要となります。一口に半導体デバイスと言っても、その種類は様々で、すべてのデバイスの製造工程を自身の研究室で網羅することはできません。そこで私どもの研究グループでは、各々のデバイスの研究において強みを持つ研究室と共同研究を行い、単一プロセスのデバイス動作実証を行ってきました。これらの活動により得られた研究成果を半導体関連企業に説明することで、企業側からの新たなニーズの話も聞くことができ、その活動範囲が広がっていきました。

当初、我々が取り組むこの部門の体制は、大学側が中心となって、出口企業であるデバイスメーカーとサプライヤー企業をつなぐ産－学－産連携体制として注目され、パワーデバイスのレーザードーピングやディスプレイ用薄膜半導体のレーザーアニール結晶化プロセスなど様々なプロセスに取り組みましたが、出口企業が社会実装に求める評価レベルに達するには至らず苦しんでおりました。

そんな中、東京大学の小林先生から「ＣＰＳ活用のノウハウを提供するので、東京大学が参加している内閣府『戦略的イノベーション創造プログラム（ＳＩＰ）第2期』に参画し、半導体のレーザー材料改質プロセスにＣＰＳを取り入れてみないか」との提案をいただき、２０１９年度より参画することとなりました。

ＡＩ導入によりデバイス製作を行わずに半導体製造プロセスの評価が可能に

Q　ＣＰＳを取り入れた結果はどうでしたか？

池上　私どもの研究グループは、ＡＩを研究開発に取り入れた実績は無く、まったくの素人の状態からのスタートでしたが、東京大学やＡＩメーカーからの支援を受けることができたため、比較的スムーズにＡＩを研究に適用することができました。

特に、半導体の製造プロセス開発においては、単一プロセスの開発であってもデバイスの製作と電気特性の評価が必要であり、このデバイス評価に必要な時間・人員、研究費が大きな負担となります。ＡＩを導入することでデバイスを製作することなく、単一プロセスの評価がサイバー空間で行えることを実証できたことは大きな成果であったと感じています。

Q 半導体製造プロセスの研究開発における活用の仕方を具体的に示したということですね。企業の反応はどうでしたか？

池上　「光・量子を活用したSociety 5.0実現化技術」の課題全体で取り組んでいる内容と、今回得られた半導体製造プロセスの研究開発におけるＡＩ活用の成果を説明することで、企業の方々にＣＰＳ化の意義を理解いただけるようになったのではと感じています。様々な半導体製造装置メーカーやデバイスメーカーの方に説明差し上げましたが、個々の要求課題に対してどのように活用すべきかとの話に発展することが多くなり、複数の企業様との共同開発体制をつくることができました。また、ＳＣＲＥＥＮホールディングス様からはフラッシュランプアニール装置、タマリ工業様からは高出力ファイバーレーザーやＹＡＧレーザーなどの固体レーザー照射装置を提供いただき、より幅広いレーザープロセスの実験環境を整えることができたのも、テーマの広がりに大きく影響したと感じています。

その後、活動規模の拡大に伴い、人員や資金力を強化するため、九州大学側の組織体制を見直し、２０２０年12月に光・量子プロセス研究開発センターを設立、２０２２年度からは、光・量子プロセス研究開発センターに加えて製造プロセスに関わるプラズマナノ界面工学センター、設計に関わるシステムＬＳＩ研究センター、およびデジタル処理能力向上を目指した量子コンピューティングシステム研究センターの４センターが連携したＣＰＳ化推進半導体拠点としての活動を行っています。

九州大学の関連分野４センター連携による半導体メーカーとの「共創の場」づくり

Q　九州大学は半導体分野においてどのような実績がありますか？

白谷　九州大学は、半導体分野において基礎から社会実装にわたる広範な実績を有しています。ここで三つの実績を簡潔に紹介させていただきます。

第一に、自動運転・電気自動車・ドローン・ロボットなど近未来の産業に必須で、今後ますます重要となるシステムＬＳＩの設計の研究教育に関して20年以上の実績を有しています。第二に、九州大学の岡田龍雄名誉教授の発見をもとに、CO_2レーザーを用いたＥＵＶ露光装置が実用化され、最先端デバイスの極微細露光に使用されています。第三に、プラズマプロセス中のパーティクルに関する研究でも永年にわたり世界を牽引しています。半導体製造工程では、パーティクル汚染が歩留まり低下をもたらします。デバイスのサイズ縮小と3次元化に伴い、汚染源となるパーティクルの寸法は数nmと極めて小さくなっています。このようなnm領域のパーティクルの計測・制御に関しては特に秀でた実績があります。とてもすべての実績をご紹介できませんが、多様な実績がCPS化推進半導体拠点の推進に大きく貢献していることは間違いありません。

Q このプロジェクトが、市場や産業の拡大にどう貢献していくことを期待されますか？

白谷　九州大学は、SIPの成果を発展・拡充させるためCPS化を推進する半導体拠点の構築を行っています。半導体は、言うまでもありませんが、すべての産業に欠かすことのできない物資であり、近年では経済安保の観点からも重要性を増しており、各国は国家の存亡をかけて開発に乗り出しています。

特に、九州は半導体生産額が全国の4割を占めるなど、日本の半導体産業の再生と発展において重要な地域として認識されています。九州大学では、半導体産業のCPS化を推進する拠点として、半導体技術者の人材育成や革新的な製造技術の研究開発とその製造現場への適用などを通して、まずは九州の半導体サプライチェーンの強靭化に貢献し、全国へ展開していくことで市場や産業の発展に寄与したいと考えています。

Q　九州大学のCPS化推進の半導体拠点について
もう少し詳しく教えてください。

白谷　九州大学のCPS化推進の半導体拠点の概要を図2に示します。

半導体の製造技術を社会実装するためには、半導体デバイスメーカーの要求に応えることが重要となります。一方、半導体デバイスメーカー側からすれば、自社での開発を効率よく進められる場合にのみ、その研究開発をアウトソーシングすることとなります。受ける側には、半導体デバイスの開発のための様々な要素が必要となります。すなわち装置メーカーや材料メーカー、そして大学や研究機関が協力して目標とするデバイス工程を作り上げる共創の場が必要です。

九州大学では、先に述べた共同研究部門における産－学－産推進の実績と社会実装に到達できなかった反省、CPS化のPoCを受けて得た経験を生かし、九州大学内の半導体分野に必要な研究センターの力を集結し、この共創の場を作ってまずはスタートしようと考えました。

共創の場となる九州大学のCPS化推進半導体拠点では、先に挙げた光・量子プロセ

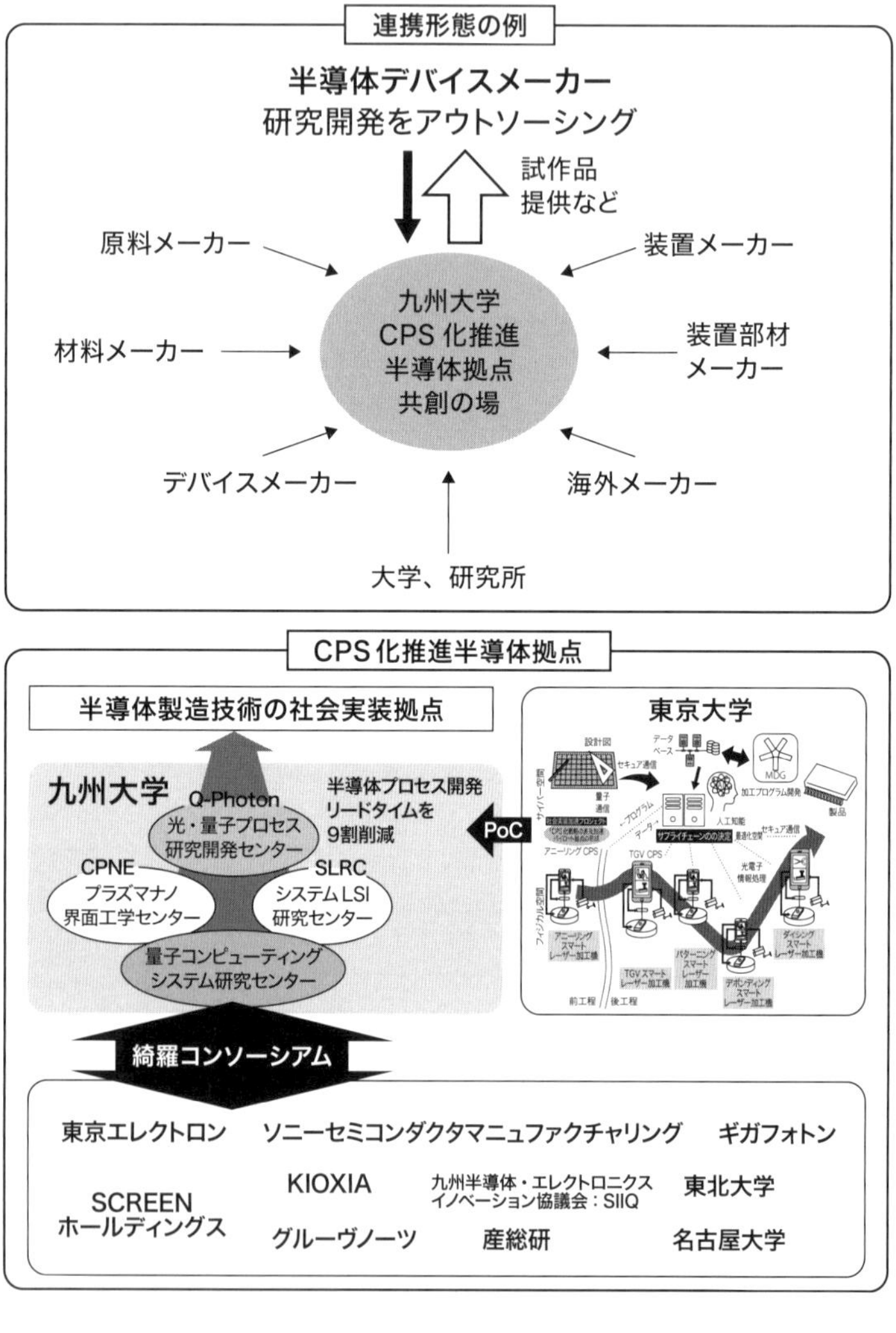

連携形態の例
半導体デバイスメーカー
研究開発をアウトソーシング
試作品
提供など
原料メーカー
装置メーカー
九州大学
CPS化推進
半導体拠点
共創の場
材料メーカー
装置部材
メーカー
デバイスメーカー
海外メーカー
大学、研究所
CPS化推進半導体拠点
半導体製造技術の社会実装拠点
九州大学
Q-Photon
光・量子プロセス
研究開発センター
半導体プロセス開発
リードタイムを
9割削減
CPNE
プラズマナノ
界面工学センター
SLRC
システムLSI
研究センター
量子コンピューティング
システム研究センター
PoC
東京大学
設計図
データ
ベース
セキュア通信
サイバー空間
量子
通信
MDG
加工プログラム開発
製品
←プログラム
データ→
人工知能
サプライチェーンのの決定
最適化空間
セキュア通信
アニーリング CPS
TGV CPS
光電子
情報処理
フィジカル空間
アニーリング
スマート
レーザー加工機
TGV スマート
レーザー加工機
パターニング
スマート
レーザー
加工機
デボンディング
スマート
レーザー加工機
ダイシング
スマート
レーザー加工機
前工程
後工程
綺羅コンソーシアム
東京エレクトロン
ソニーセミコンダクタマニュファクチャリング
ギガフォトン
KIOXIA
九州半導体・エレクトロニクス
イノベーション協議会：SIIQ
東北大学
SCREEN
ホールディングス
グルーヴノーツ
産総研
名古屋大学

図2　九州大学で進めるCPS化推進半導体拠点の概要

ス研究開発センター、プラズマナノ界面工学センター、システムLSI研究センター、および量子コンピューティングシステム研究センターの4センター連携による活動を行っています。九州大学は、半導体製造に関わる一つ一つの工程から半導体素子を作り動作・理解すること、さらには集積回路を設計・試作する研究まで、半導体製造に関わるすべての要素を持っていることを特徴としています。さらには、今回のSIPプロジェクトでは、CPS化を活用するノウハウやスキームに関しては東京大学からのPoCを受けて、効率よく推進してきましたが、研究者のネットワークを通して他の大学や研究機関との連携を積極的に行っていることも特徴の一つです。今後のCPSでは、古典コンピュータでは解を得るのに時間がかかりすぎる問題などに量子コンピュータが活用されていくと予想されます。半導体関連分野での量子コンピューティングを活用したCPS化を推進するため、2022年3月に新設した量子コンピューティングシステム研究センターとも密に連携しているのも特徴です。

Q なるほど、半導体に関わる様々な要素を確保するため、連携や協業体制を行っているのが特徴なのですね。

白谷 そうです。九州大学の拠点である、量子コンピューティングシステム研究センターには23名の教員が在籍しており、本半導体拠点の活動に携わっています。これら教員の知見や研究シーズ、あるいは教員が有する企業・研究所・大学などとの国内外に広がる人的ネットワークを半導体関連企業のニーズに活用することができる体制をとっています。例えば、中小企業が海外ネットワークを構築するのに、九州大学拠点を積極的に活用していただき、少しでもお役に立てればと考えています。

半導体工場での量子コンピューティング導入に向けイジングモデル定式化支援

Q 量子コンピュータの活用について教えてください。

白谷 量子コンピュータは、物理法則である「量子力学」の原理を応用して計算を行う技術で、従来型のコンピュータを遥かに凌ぐ処理速度の実現に期待が集まっています。九州大学が拠点化を進める半導体産業においても、従来型のコンピュータでは困難であったCPSの処理能力の飛躍や極めて複雑な工程の最適化シミュレーションなどへの

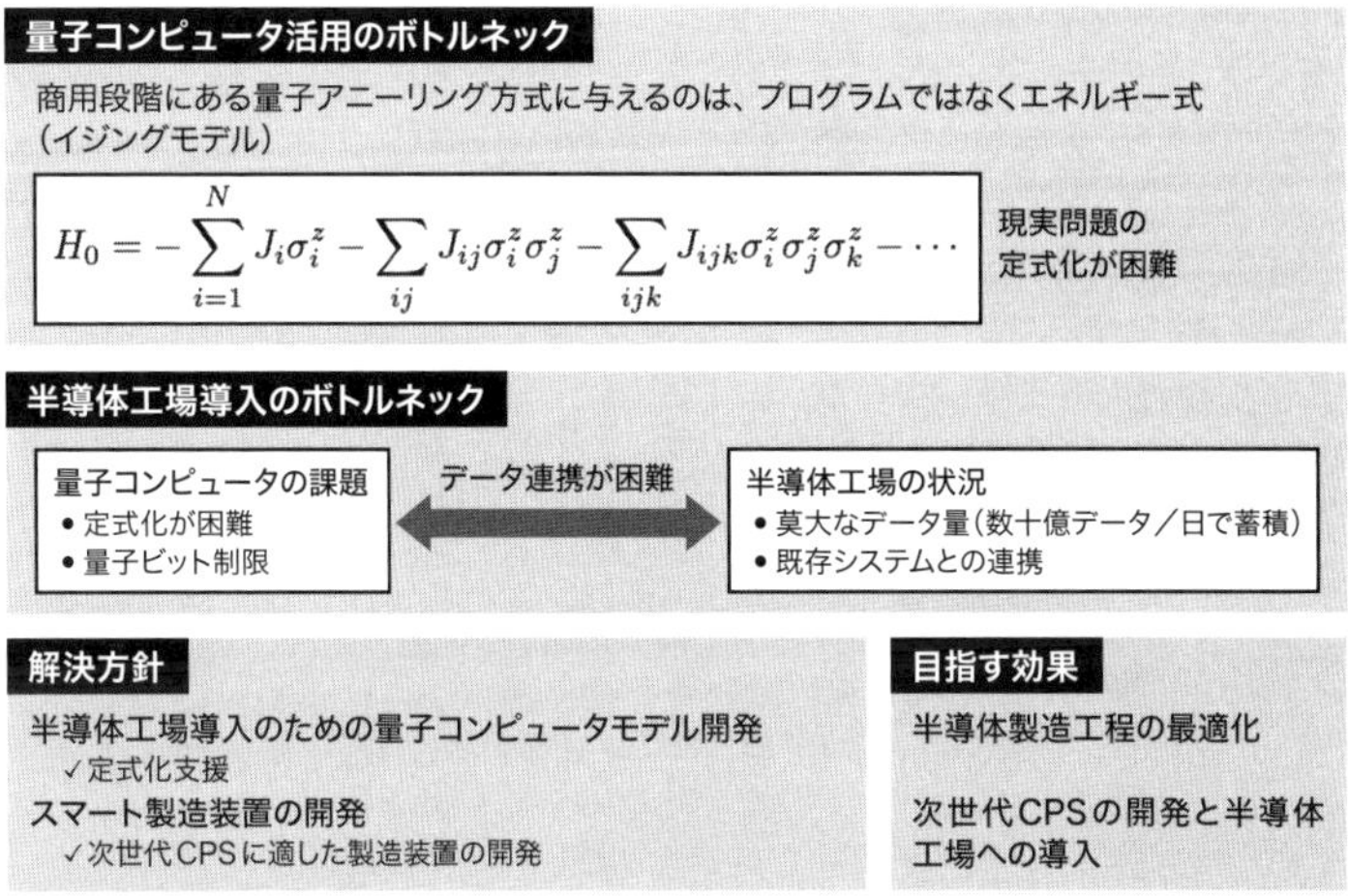
量子コンピュータ活用のボトルネック
商用段階にある量子アニーリング方式に与えるのは、プログラムではなくエネルギー式（イジングモデル）
$H_0 = -\sum_{i=1}^{N} J_i\sigma_i^z - \sum_{ij} J_{ij}\sigma_i^z\sigma_j^z - \sum_{ijk} J_{ijk}\sigma_i^z\sigma_j^z\sigma_k^z - \cdots$
現実問題の定式化が困難
半導体工場導入のボトルネック
量子コンピュータの課題
• 定式化が困難
• 量子ビット制限
データ連携が困難
半導体工場の状況
• 莫大なデータ量（数十億データ／日で蓄積）
• 既存システムとの連携
解決方針
半導体工場導入のための量子コンピュータモデル開発
✓定式化支援
スマート製造装置の開発
✓次世代CPSに適した製造装置の開発
目指す効果
半導体製造工程の最適化
次世代CPSの開発と半導体工場への導入

図3　半導体産業への量子コンピュータ活用におけるボトルネックと解決方針・目指す効果

量子コンピュータの活用に高い関心が寄せられています。

量子コンピュータは、計算方法や用途の違いから大きく「ゲート方式」と「アニーリング方式」の2種類に分類されます。すでに実用化しているアニーリング方式は、多くの選択肢の中から最適な答えを求める「組合せ最適化問題」の解決に長けており、問題の数式を専用のモデル（「イジングモデル」）に変換しマシンに投入することで解を得ます。様々な企業でアニーリング方式の量子コンピュータ活用検討が進む一方で、導入に向けた課題の一つに、この定式化・モデル化の難しさがあると言われています。

九州大学の半導体拠点では、短期的には、このアニーリング方式導入の障壁となっている実問題のイジングモデルへの定式化を支援します。図3に示したように、半導体工場や装置では膨大な量のデータが日々蓄積されており、また既存のデータ解析システムも導入されています。

一方、現在、商用化段階にあるアニーリング方式は、先に述べた定式化の問題に加えて、扱えるデータ量の制限（量子ビットの制限）もあり、一見するとデータ連携が困難なように見えます。商用段階にある量子コンピュータは、従来型のコンピュータをうまく使ってデータの前処理を行い、量子コンピュータを使うことで処理能力が向上する部分のみをうまく使う工夫がなされています。

九州大学では、半導体工場への量子コンピュータ導入を、希望される企業と量子アニーリングコンピューティングの社会実装に長けた企業とともに行い、量子コンピュータの早期導入による半導体サプライチェーンの強靭化を目指します。この早期社会実装の活動と並行して次世代の量子コンピュータであるゲート方式の導入を想定した半導体製造ラインにおけるＣＰＳ全体の研究開発を継続的に進めていきたいと考えています。

Q 最後に、九州大学が目指すＣＰＳ化推進半導体拠点の将来像について教えてください。

白谷　半導体関連企業からの様々な要求に対し、ワンストップソリューションを提供できる拠点を目指します。そのためには、従来の大学ではできない様々なことを整理する必要があります。例えば、大学組織では商品やサービスの提供による対価を受け取れないといった問題があります。そのためには、まず、学外に法人などの組織を作る必要もあります。

また、革新的な半導体を開発するためには、デバイスメーカーや材料メーカーや製造装置メーカー、大学等各研究機関など様々な分野の知見を集約するとともに、協業によりソリューションを提供する必要があります。

九州大学の拠点化に対する取り組みについては、オランダのＴＮＯ（オランダ応用科学研究機構）やドイツのフラウンホーファー研究所などの所長などにも説明し、その方向性は高く評価されています。特に、産業分野への量子アニーリングコンピューティングの活用に関しては、日欧連携による加速を先方から打診されているところです。

これまで日本の大学は、産学連携においては「待ちの姿勢」であったと思います。九州大学拠点は、積極的に企業を訪問して情報収集と意見交換を行い、皆様と一緒に社会のボトルネックを解決するソリューションを提供する新時代の産学連携を実現していく予定です。ぜひとも九州大学拠点をご活用ください。皆様のご利用をお待ちいたしております。

インタビュー

5

量子コンピュータ時代の量子セキュリティ技術開発の重要性

藤原幹生

国立研究開発法人
情報通信研究機構
未来ICT研究所
小金井フロンティア研究センター
量子ICT研究室 室長

これまで計算が困難であった問題を解決し、
産業と社会の革新につながる「量子コンピュータ」が実用化すると、
計算が困難であることで成り立っていた
インターネットの暗号も容易に解読されることになる。
量子コンピュータの実用化に向けたスピードが速まっている今、
従来の暗号に代わる「量子セキュリティ技術」の実用化と社会実装が急がれる。

この技術領域における我が国が推進する技術開発の現状、強みと課題、国際的な社会実装に向けた取り組みと将来について伺った。

現在のインターネット上での暗号は量子コンピュータの登場ですべて解読される

Q 今後量子コンピュータの本格的な活用が可能となった際、量子セキュリティは重要な役割を果たすと言われています。その背景をご説明いただけますか?

量子コンピュータの開発が世界各国で進められ、莫大な予算が投じられています。量子コンピュータは従来のスーパーコンピュータと比較すると、並列処理に優れ、今まで計算に時間が必要であった数学的問題のいくつかは瞬時に解を見つけることができるとされています。

数年前までは量子コンピュータ実用化へのロードマップは描けない状況でしたが、近年実験段階にある量子コンピュータの大規模化が急激に進んでいます。2030年頃には特に現在インターネットで暗号鍵の共有に利用されているRSA暗号[1]やDH暗号[2]などの「公開鍵暗号」が短時間で解読されると予想されています。

この事実は現在のインターネット上での暗号がすべて解読されることを意味し、これらの公開鍵暗号に代わる鍵共有技術が必要です。それが「量子暗号」です。のちほど説明しますが、量子暗号があれば、将来どのような計算機が登場しても盗聴の恐れのない秘匿性を実現できます。遺伝子情報や国家機密など世紀単位で秘匿性を必要とする情報通信への適用が期待されています。

Q 量子コンピュータが実用化すると、現在暗号化されているデータにおいて、具体的にどういう種類のデータがまず危険にさらされるのでしょうか？

国家機密やゲノムデータなどの個人情報のように、超長期に秘匿性を必要とする情報が狙われると考えられます。短期的な利潤よりも長期的影響の大きいデータが狙われる可能性が高いと考えます。

気をつける必要があるのは、今現在暗号化して送受信されているデータを第三者が保存しておき、量子コンピュータが実用化したときに解読する攻撃[3]の存在です。今現在は、量子コンピュータは実用ではないと油断して、量子コンピュータに対して脆弱な暗号を用いていると、過去にさかのぼって解読されてしまい、超長期の秘匿性が崩壊してしまう可能性があります。

Q 量子コンピュータが実用化されても、安全なデータの暗号方式にはどのようなものがあるのでしょうか？

量子コンピュータが実現しても解読が難しいとされる数理暗号も研究されています。その代表例が格子暗号です。これは、数学的に解くことが難しいとされる「格子問題」を用いた暗号ですが、その安全性も現在の計算能力では現実的な時間内に解けないという「計算量的安全性」であり、将来の盗聴のリスクを完全には払拭できません。それに対し、量子暗号は、攻撃側の計算能力が無限大だとしても安全な「情報理論的安全性」

1 RSA暗号は、大きな桁数の素因数分解という問題が現在の計算機では現実的な時間内に解くことが難しいという「計算量的安全性」に基づいた公開鍵暗号の一つです。インターネットでは電子署名のアルゴリズムとして普及しています。

2 DH暗号は、RSA暗号などで公開鍵を交換する方法として考案された暗号方式で、離散対数問題を用いた計算量的安全性に基づいています。

3 この攻撃は英語で〝Store now, decrypt later〟攻撃と呼ばれています。

を担保できますので、将来の盗聴リスクを払拭できます。

Q 量子セキュリティ技術の開発は、どのような新たな産業を生むことにつながるでしょうか？

クラウド事業において、超長期に秘匿が必要なデータも安全に利用するためには、認証・データ伝送・データ保管・二次利用方法すべてが「情報理論的安全」に実装されていることが望ましいと考えられます。超長期に秘匿すべきデータも安心して預けて利用できるデータセンターを構築するためには量子セキュリティ技術が必須となります。将来的には、量子セキュリティを採用したクラウドサービスに関わるデバイス、装置、ソフトウェアの製造・普及に関わる産業が生まれることを期待しています。

世界最先端の秘匿データの伝送・保管を情報理論的安全に実現

Q 「量子暗号」とは何か、わかりやすく説明いただけますか？

「量子暗号」とは、図1に示すように「量子鍵配送（QKD）」と「ワンタイムパッド」を組み合わせたものと定義しています。

量子鍵配送（Quantum Key Distribution：QKD）とは、光子一つひとつを使って乱数データ（暗号鍵）を離れた二者間で共有する技術です。光子に盗聴行為があった場合、確率的に光子の状態が変化してしまうため、送受信者間で共有したデータの一部を利用し答え合わせをすることで盗聴の有無を見破ることができます。その安全性は量子力学等、物理法則で担保されています。

ワンタイムパッド（One Time Pad）とは、一度使用した暗号鍵を何度も使い回さずに一度使用したら破棄する方式です。バーナム（Vernam）暗号と呼ばれる、平文1ビットごとに送受信で同じ乱数との排他的論理和を施す暗号方式とよく組み合わせて使われます。このバーナムのワンタイムパッドのことを単にワンタイムパッドと呼ぶこともあります。

この二つを組み合わせることによって、量子コンピュータを含むあらゆる計算機で原理的に解読できない極めて安全な通信を実現できます。

一方、データの保管時においては、原理的に解読できない「情報理論的安全性」を持

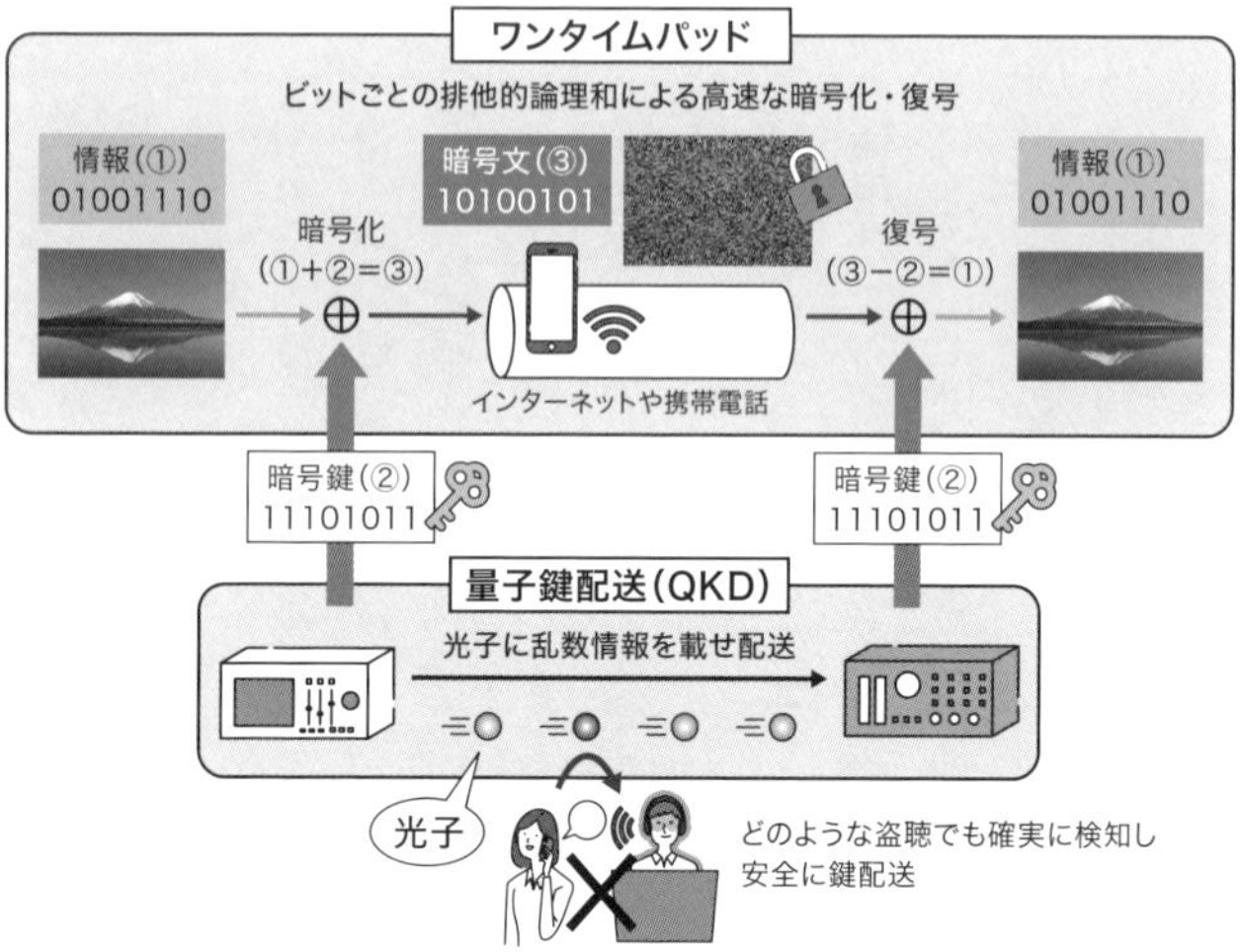

図1　量子暗号回線の構成

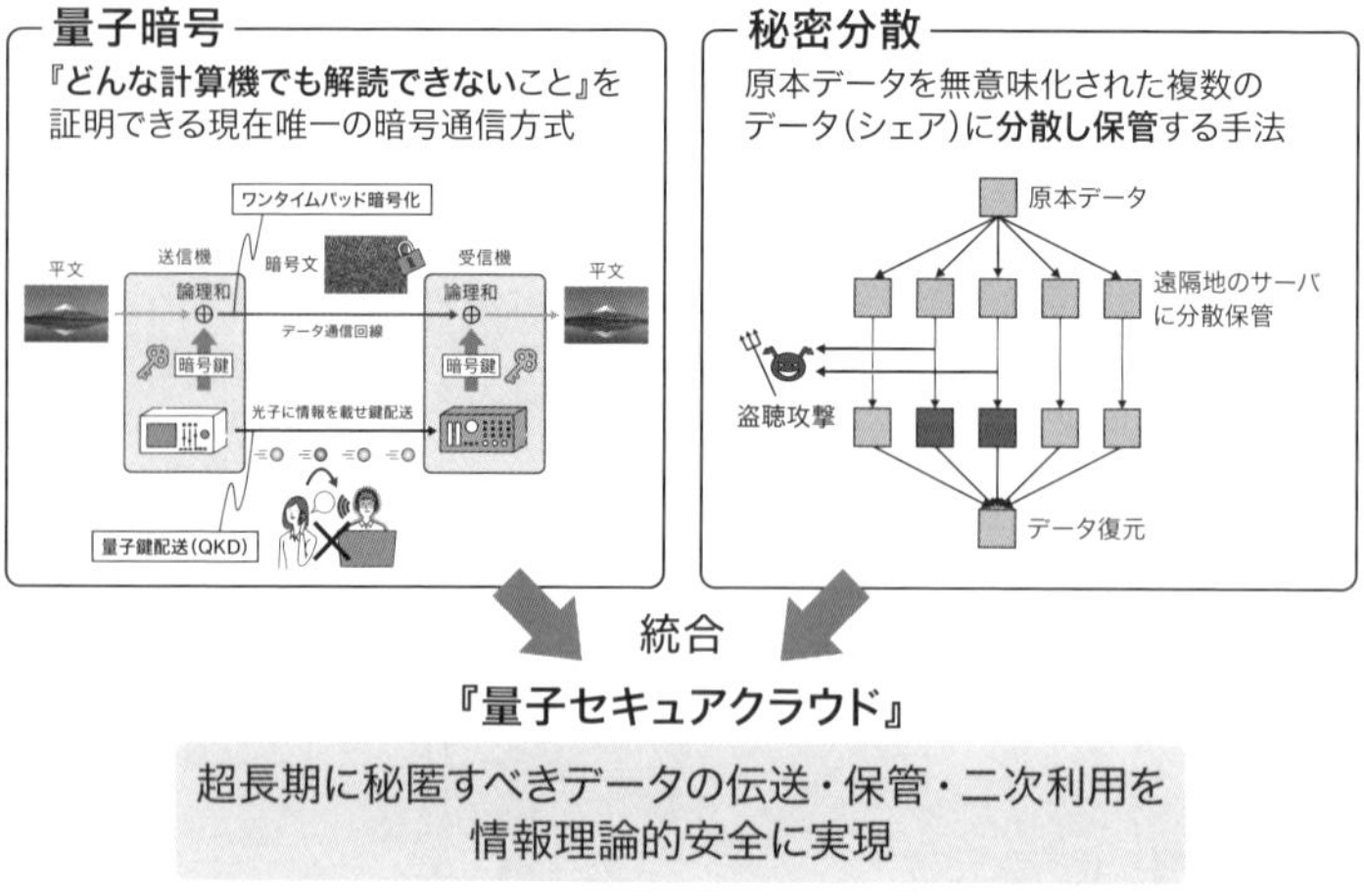

図2　量子セキュアクラウドの概念

つ「秘密分散法」という保管方式が考案されています。データの原本を複数の「シェア」と呼ばれるデータに分散して保管し、シェアの中から所定の組み合わせがそろったときのみ原本を復元することができる手法です。この「秘密分散」と「量子暗号」を組み合わせることで、データの伝送のみならず、データの保管も含めて、原理的に解読不可能な安全なクラウドサービスを実現することができます。これは、図2に示すように「量子セキュアクラウド」と呼ばれており、我が国が世界で最初にデモに成功し、性能向上や新しい機能の充実が図られています。

理論から実装まで一気通貫体制で取り組む日本の量子セキュリティ技術の優位性

Q 世界的に見て、日本が取り組む「量子セキュリティ」の強みはどこにあるとお考えですか？ 特に「量子暗号」の開発において日本が優れている点はどこでしょうか？

日本企業が開発した量子鍵配送の性能が優れている点はもちろんのこと、SIPのプロジェクトでも示されているように、量子鍵配送装置の実装安全性を理論から実験・開発まで一気通貫の体制があることが何よりの強みと考えます。産官学が連携し、基礎理論から実際の装置の安全性の評価までを実施しています。

　ユーザーに安全な装置を届けるため、厳しい評価を自らの研究・システムに実施しており、世界でも最も安全な量子鍵配送装置となっているとの自負があります。一気通貫体制の中で、世界最高性能の量子鍵配送装置の開発や実証テストベッド「Tokyo QKD Network」[4]上でネットワーク技術の開発、長期運用試験、様々なセキュリティアプリケーション開発を行ってきました。この「Tokyo QKD Network」での多くの成果・知見と、これらの成果が国際標準として採用されてきたことが大きな強みになります。

　２０１９年にはこれらの成果を盛り込んだ国際標準の勧告がＩＴＵ-Ｔ[5]会合にて承認され、以後継続して関連勧告の成立に日本が主導的な役割を果たしています。ＩＴＵ-Ｔの他様々な標準化機関での国際標準の成立により、我が国が推進する量子鍵配送・暗号通信の実用化と普及が加速すると期待されます。

　日本における量子暗号研究はその初期段階から実用的な装置を提供することを目標としてきました。量子暗号の装置は環境温度の変化や様々な振動によって光学特性が大きく変動します。そのため、実環境においても長期間安定に動作するための補償技術や信号同期技術を開発してきました。また、安定な動作を実現するための光集積技術も世界に先駆けて導入しています。この結果として２００５年という早い時期に14日間連続で鍵生成を行い、量子暗号通信を実現しました。

また、システムの高速化に向けた設計概念をいち早く提案・実現し、現在でも高速QKD装置では世界的にもトップクラスの性能を誇っています。具体的には、量子暗号の最も重要な特性である暗号鍵生成速度については、海外のQKD装置と比べると一桁優れており、より大量のデータを扱う高速なセキュア通信を可能としています。これらの先駆的技術開発、その体制構築や、世界トップクラスの装置性能を実現してきたことも大きな強みになるものと考えます。

さらに、理論研究の観点についても、日本には強みがあると考えています。たいていの工業製品は、動作原理がよくわかっていないとしても、製品がちゃんと機能しさえすれば価値が生まれると言えます。しかし、セキュリティは目に見えないため、ハードウエアとしての装置だけでは駄目で、なぜその装置を使えばセキュリティが守られるのか、という理論の裏付けがセットになっていなければ価値は生まれません。

その点で、日本では、量子情報技術の黎明期から多くの研究者が量子暗号の理論研究

4 国立研究開発法人 情報通信研究機構(NICT)が音頭を取り、国内外のメーカーや機関が参加して、2010年より東京で構築・運用されている量子鍵配送(QKD)・量子暗号の検証用プラットフォーム。

5 スイスのジュネーブに本部を置くITU(国際電気通信連合)の電気通信標準化部門。電気通信に関する国際標準の策定を担います。標準化が承認されるとITU-T勧告という形で公表されます。

に取り組み、成果を上げてきています。性能の向上やコスト削減をもたらす新方式が提案されると、その方式なら本当にどんな攻撃からも情報を守れるのか、という数学的な裏付け、いわゆるセキュリティ証明が待ち望まれるのですが、これまでにも多くの方式のセキュリティについて日本が一番乗りで完全な証明を与えることに成功しています。

他にも、まったく新しい原理に基づく量子鍵配送方式の提案や、現実の装置の様々な不完全性を統一的に取り扱う理論の構築、さらには、それらの理論の根幹をなす統計的推定手法の改善など、量子暗号理論の発展の中で日本の研究者が重要な役割を果たしています。

このように、日本の量子暗号研究は量子暗号実用化に必要な技術要素を新たに提唱し、理論から実装に至る密接な産官学連携によって有効性を実証してきた実績と強みがあります。

Q 海外の大学や企業の取り組みと比較して、日本が進んでいるのはどのような点でしょうか？　また、逆に遅れている、不利なことはどういうところでしょうか？　どのように克服することができるかも含めて教えていただけますか？

日本は装置性能や安全性に対し、極めて厳しい姿勢で臨んでおり、市場展開の動きが鈍いことが海外勢の後塵を拝している点です。しかしながら、急がば回れではありませんが、日本では量子鍵配送装置の安全性ガイドラインの整備や標準化活動を通し、量子鍵配送装置の有用性・導入インセンティブの向上を目指しています。またＰｏＣ（概念実証）のレベルでは海外に先んじて、量子セキュアクラウドなどのアプリケーションの開発にも成功しており、世界との競争力は決して弱くないと考えます。

日本の量子暗号装置開発は実環境での使用に耐えることを重視してきました。そのため、理想的な条件での性能では海外研究機関に凌駕されることも起きています。しかし、その分だけ製品としての品質、信頼性は高いものとなっています。リソースの問題があるため、大規模な実証実験は遅れていますが、ユースケース（活用事例）の検討は進んでおり、一般ユーザーへ浸透させていく際には日本での実施例がビジネスモデルとして機能し先行者利益が得られるものと考えられます。

日本の量子暗号装置で進んでいる点は、先にも述べたように鍵生成速度が非常に速い点です。しかしながら、この鍵生成速度についてはまだ課題があります。量子鍵配送では、光子の１粒１粒を伝送するため、この伝送距離が伸びると鍵生成速度が落ちてしまうためです。これに対し、鍵生成速度をさらに上げるため、クロックの高速化・波長多重という仕掛けを行って鍵生成量を増やす方法や鍵蒸留処理（鍵のふるい分け）の高精度化に取り組んでいます。

光子の一つひとつを検出するのではなく、コヒーレント光通信と同じ技術を用いて、非常に微弱な光波の振幅を測定する「連続量量子鍵配送」という技術もあります。これは、通常の光通信との親和性が高いという特長があり、1本の光ファイバーで超高速光通信と量子鍵配送を同時に実行することが可能です。[6] このような特徴を生かして、主に都市圏で低コストの量子鍵配送を実現していくことが期待されています。

この連続量量子鍵配送に関する取り組みでも海外の大学や企業と比べて日本は優れた成果を上げています。ＦＰＧＡ[7]を用いた高速制御可能な鍵配送装置による高速光通信との多重化の実証や、民間企業によるリアルタイムに鍵生成が可能な装置の製作、現実的な条件下で完全な安全性を理論的に示した研究成果などが挙げられます。

一方で、特に中国は、多額の予算を投入することにより、上海と北京間の４０００㎞以上の距離にわたる量子鍵配送ネットワークを構築したり、量子通信用の衛星を打ち上げて衛星量子鍵配送を実現する等、大規模な実証実験の段階で世界をリードしました。しかし、日本は産官学の密接な協力により量子セキュリティの研究開発に取り組んできており、今後、社会実装が進んでいく段階では、日本の強みを発揮していくことができるはずです。

Q 東芝は事業化に成功していますが、研究開発の観点から、SIPの活動はどのような影響を与えましたか？

量子暗号装置の完成度の向上という意味で、安定性の向上や装置の小型化、低コスト化などにプロジェクトの前半で取り組んだことが成果であると考えます。さらに、SIPの活動も含め複数のユーザー・ドメインにおいて様々な実証やPOCを行って、量子暗号の技術が適応できるであろうという見解を持つことができました。それによって事業化を進めることができたと考えています。

---

6 光の強弱ではなく、波としての性質である位相や偏波（振動の向き）の変化を用いて、信号の0と1を表現することで、信号劣化の少ない長距離・大容量伝送ができる信号伝達方式。

7 Field Programmable Gate Arrayの略。現場（フィールド）でプログラムによって論理回路（ゲート）の構成つまり処理内容を変更できるデバイスを指します。

ＳＩＰ「光・量子」３課題が連携した画期的実証実験も行う

Q　ＳＩＰで取り組まれた「レーザー加工分野における重要データの秘匿化」の実証実験について、ご苦労されたことや、医療や金融などの業界での取り組みとの違いも含めて、ご紹介いただけますか？「病院の医療データ」に対する量子セキュリティの実証実験について、ご紹介いただけますか？

【実証実験（ＰＯＣ）に関する取り組み】

量子暗号は万能薬ではなく、様々な情報セキュリティ技術を組み合わせて初めてその真価を発揮します。データの伝送路を極めて高い安全性で秘匿化しても、その他のシステムのセキュリティを疎かにしては情報の漏洩は防ぐことはできません。

量子暗号技術は極めて高度な完成度を達成していると認識しておりますが、実際に導入テストする際には現在使用されているシステムに影響を与えないよう、独立した環境を設定します。そのため情報システムの新たな設定など導入先へのご負担をいかに軽減するかに苦慮しました。

医療関係のPOCでは、量子セキュアクラウドを用いた電子カルテデータの分散バックアップと、地域医療連携時に患者データの相互参照を安全に実施できるシステムを構築し実証しました。鍵さえ安全に共有できていれば、暗号通信自体は通常の通信回線を利用可能ですので、患者基本データの復元実験では衛星回線を経由してのデモにも成功しています。

毎年のように大規模災害が発生する我が国において、超長期に保管しなければならない情報（住民台帳、ゲノムデータ、電子カルテデータなど）を量子セキュアクラウド技術により安全に分散保管することで、大規模災害対策の一助になれることを期待しています。

［レーザー加工分野における重要データの秘匿化の実証実験］

本実証実験は、医療や金融などの業界での取り組みとは異なり、SIPの研究開発テーマのうち3課題「レーザー加工」「光・量子通信」「光電子情報処理」が連携した画期的な実証実験を行いました。

具体的には、「レーザー加工」チームのフォトニック結晶レーザーの設計パラメータを、量子暗号を用いて安全に通信・秘密分散バックアップを行い、「光電子情報処理」チームの次世代アクセラレータ（量子コンピュータ）で最適化することに成功しました。「光・量

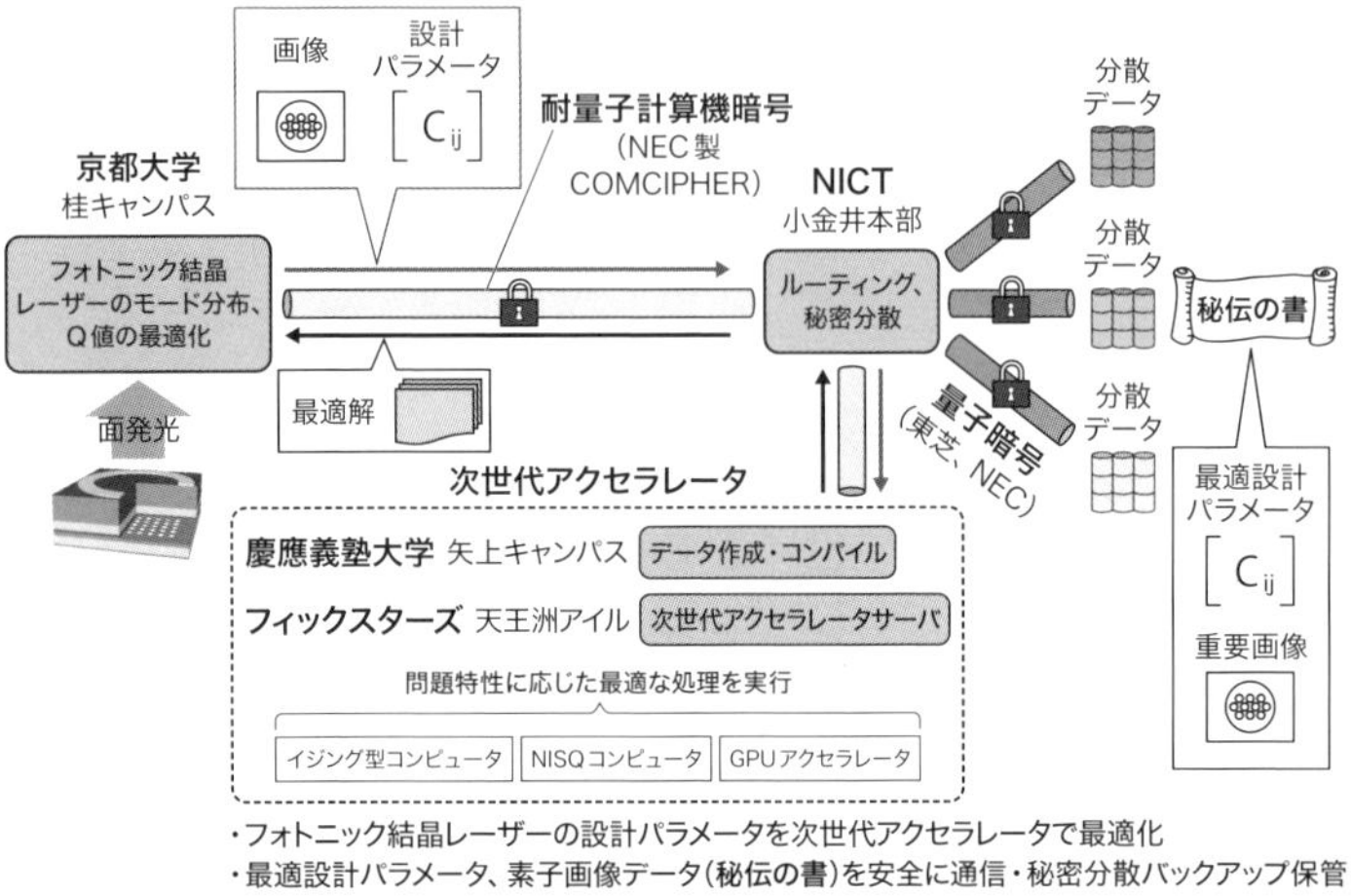

図3　レーザー加工分野における重要データの秘匿化の実証実験概要

子通信」チーム中、NICTとNECは、インターネット回線を用いた量子セキュアクラウド技術の適用や回線の高秘匿化に貢献しました。今後は、これらの成果を応用し、製造業の設計情報などの保護への適用を進め、スマート製造の実現に貢献していきます。

「電子カルテデータに対する量子セキュリティの実証実験」

近年、自然災害により甚大な被害が発生していますが、災害時であっても医療サービスを維持する必要があります。このため、災害時に備えて患者の電子カルテデータを遠隔地に保管し、復元して取り出せる仕組みが求められています。この課題を解決するため、NICTとNEC、ZenmuTech

が協力し、電子カルテのデータの伝送を量子暗号で秘匿化し、ネットワーク経由で安全な伝送を行うシステムを開発しました。このシステムでは、電子カルテのサンプルデータを統一規格であるＳＳ-ＭＩＸ標準化ストレージで扱い、異なる病院間で安全に相互参照することができました。

これまで、電子カルテデータのセキュアなバックアップと医療機関間での相互参照、災害時の迅速な医療データ参照、という要件をすべて満たすシステムは存在していませんでした。本実験では、量子セキュアクラウドに保管された電子カルテデータを、利便性を損なうことなく安全に既存のシステムから利用できるシステムを構築しました。

これまでは、登録者全員の電子カルテデータ全体を１つのファイルにアーカイブし秘密分散していたことで１人分のカルテデータを復元参照するにも１ファイル（全員のデータ）を復元する方式で利便性を欠いていました。これを、秘密分散した仮想的なディスク上に既存のファイルシステムを載せるという方式を取ることで、利用者からは通常のフォルダにアクセスしているように見えるものの、裏では複数のストレージに自動的に秘密分散、保管できるようになりました。既存のアプリケーションをそのまま利用、既存の標準化ストレージビューアを利用することで、１万人の患者データを格納した標準化ストレージから数秒で患者データを取り出し閲覧することが可能となりました。

また、大規模災害用のバックアップとしての利用だけでなく、平時における地域医療

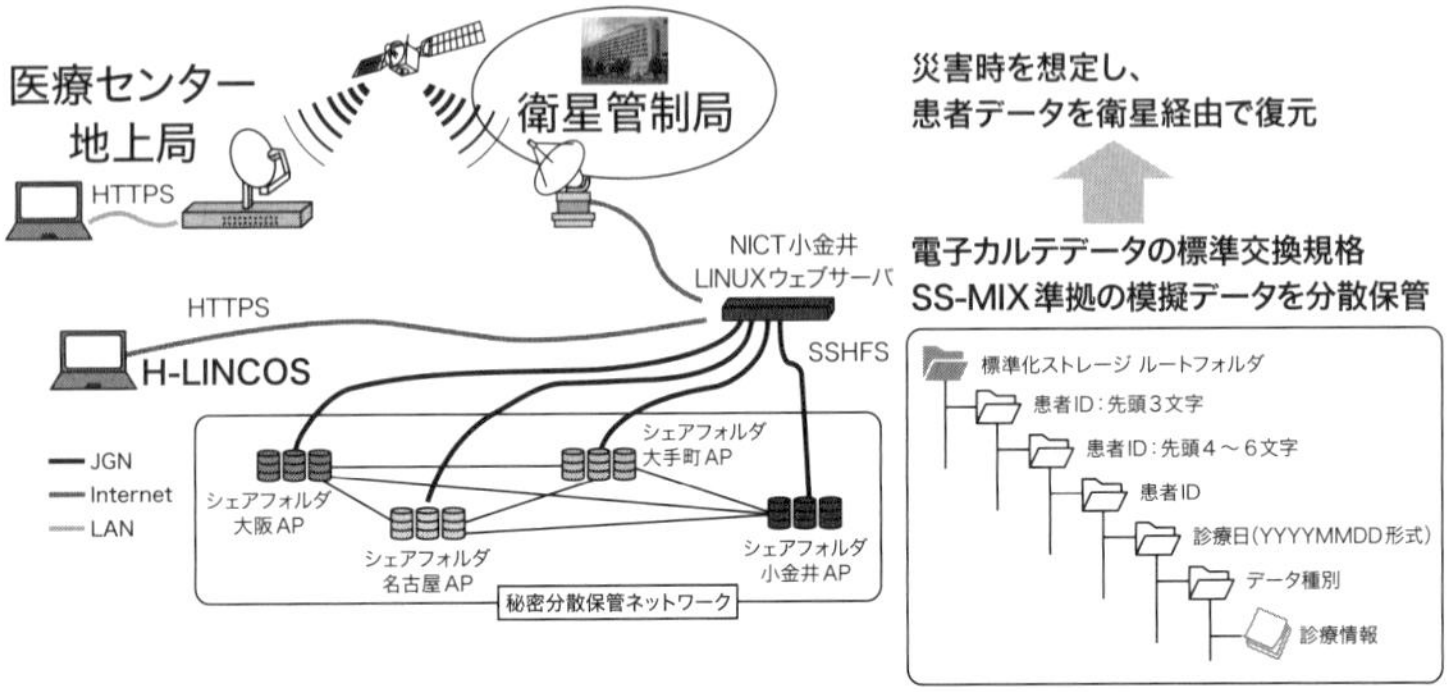

図4　量子セキュアクラウドの大規模災害用のバックアップ運用イメージ

連携としての標準化ストレージ利用の可能性についても検証しました。地域の複数の中核病院に対して2時間半の間に約４０００人が来院するというシナリオで、秘密分散ファイルシステム上の標準化ストレージに対する書き込み性能を評価し、患者1人分の書き込みはおおむね1秒未満で完了することが確認できました。このように、これまでの検証からバックアップとしてだけではなく、平時における地域医療連携での利用も見据えた秘密分散ファイルシステムへの標準化ストレージ設置による安全な利用促進が期待されます。

【ゲノム医療分野に対する量子セキュリティの実証実験】

次に、ゲノム医療分野における量子セキ

ュリティの実証実験を紹介します。東芝は、東北大学東北メディカル・メガバンク機構、東北大学、NICTと協力して3種類の実証を行っています。

1つ目は、大容量のゲノム解析データを、リアルタイムに伝送するというプロジェクトです。ゲノム解析データは、高いセキュリティが要求されるデータで、従来は専用のハードディスクに保管して運搬していました。それを量子暗号と組み合わせることで、ネットワークを介して伝送するという実験を行いました。

2つ目は、エキスパートパネルに関する実験です。ゲノム医療の分野において、医師やゲノムの専門家がゲノムの解析結果を参照しながら、患者さんの治療方針を議論するような会議が行われます。この会議を模擬した環境において、解析結果の伝送およびテレビ会議に量子暗号通信を適用し、データの遅延がないかといったような観点からも十分実用に耐えうるという点が評価されました。実際に医師の先生に実証に参加いただき、実データを用いて実証することができました。

3つ目は、NICTが開発した量子セキュアクラウド技術を活用した、ゲノム解析データの分散バックアップに関する実証です。機微性の高いゲノム解析データを、災害時や障害時においても消失させずにデータを保管するために、秘密分散技術と量子暗号通信技術とを組み合わせています。量子暗号通信による情報理論的に安全なデータ通信と、秘密分散によって実現できる情報理論的に安全なデータの保管を組み合わせたものです。

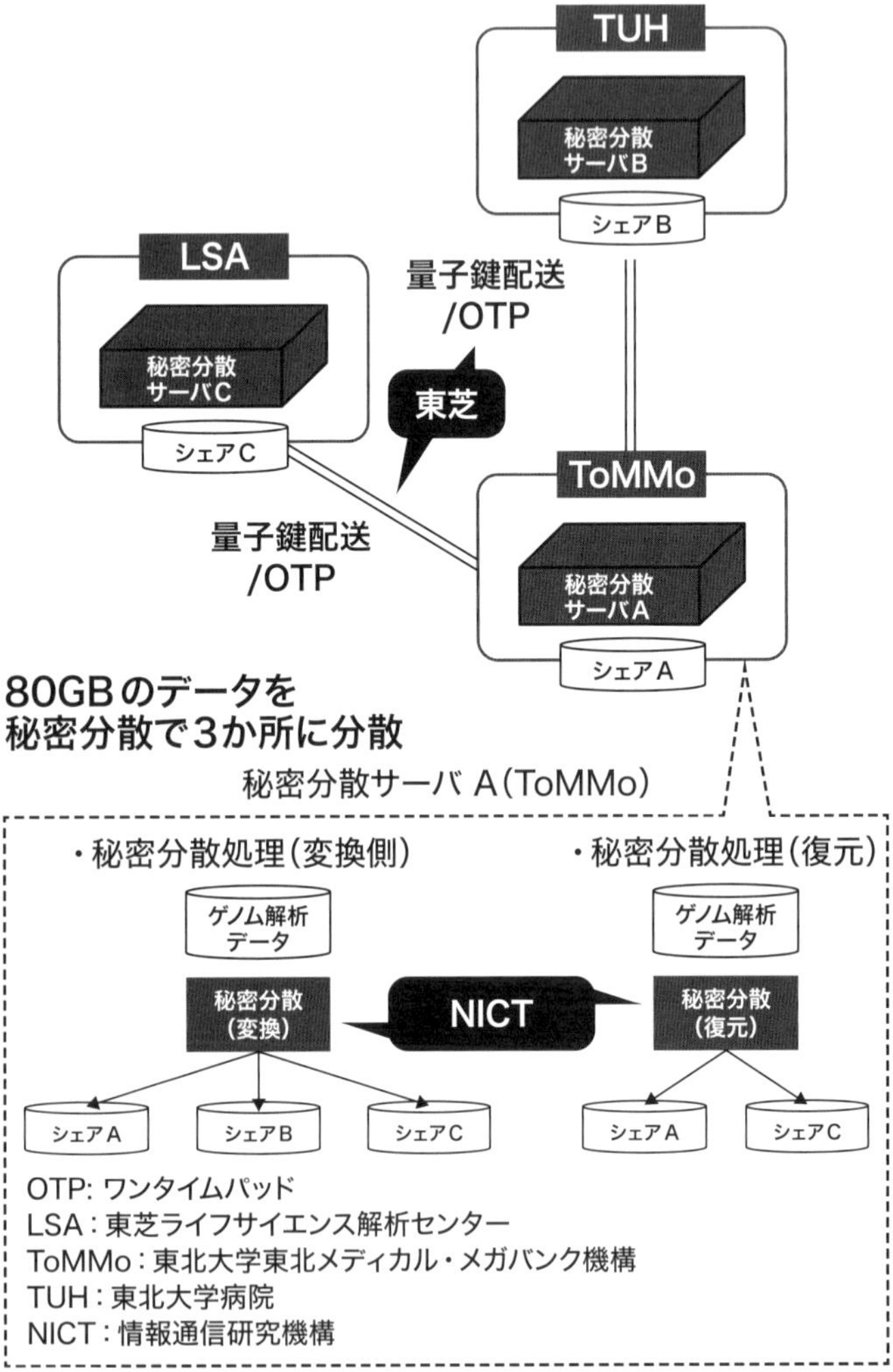

図5　ゲノムデータの分散保管概要

量子セキュリティの国際標準化が必要な3つの理由

Q 量子セキュリティの製品開発や普及には、技術的に優れている以外にどのようなことが必要だとお考えですか?

まずはガイドラインの整備が重要と考えます。ガイドラインの整備には主に2つの文脈があると考えます。

1つはユーザーが安心して利用できる量子鍵配送装置が満たすべき性能のガイドライン。量子鍵配送のプロトコルや数学モデルは情報理論的安全性が証明されていますが、実際の装置は数学モデルとの乖離が必ずあり、その乖離部分を攻撃された場合、装置が安全でなくなる可能性もあります。そのような乖離を最小限とする装置となっているか、乖離部分の攻撃を回避する手立て等が実装されているかなどをだれもがチェックできるガイドラインが整備されれば、ユーザーは安心して量子鍵配送装置を利用することができます。

もう1つの文脈は量子鍵配送装置導入を促進・加速するためのガイドライン。極端な例えとして、特定の重要データの伝送・保管には情報理論的安全性を必要とするなどのガイドラインの記述があれば、量子鍵配送導入メリットを主張することが可能になります。少なくとも推奨実装方法に量子鍵配送の記載があれば、市場展開が容易になると考えます。

このように、国際標準化は製品の普及にも重要な役割を担います。「これを満たしておけば安全」と言える機能・性能条件を国際標準として定めることで、ベンダー側は効率的に製品を開発でき、ユーザー側は規格にのっとった製品を選ぶだけで安全な装置を利用できます。また、普及のためには製品同士の互換性やインターフェースの整合性が重要です。これらの国際標準を定めることで、ユーザー側にとっての利便性を向上でき、製品の普及を促進できます。

Q 量子セキュリティの製品開発での競争優位性において、「国際標準化」はどのような寄与があるでしょうか？

国際標準化は一定以上の性能を担保することや、我が国の製品の安全性を保証するために重要です。特に実装安全性に関し細心の注意を払い、十分な対策を施した上でユーザーに製品を届ける義務があると考えます。我が国のそのような努力に、他の国々の製品も倣っていただくことへの根拠になります。そのような活動を通じて量子セキュリティ全体の信用を得ることが可能になると考えます。

セキュリティは目に見えないもので、ユーザーが直接確認することができません。安価な粗悪品が市場に紛れ込んでも、ユーザーが自力で判断できるとは限らないのです。そのような状況が続けば、そのセキュリティ技術そのものへの信頼が失われてしまい、ちゃんとした製品すらも価値を喪失してしまいます。そこで、信頼されている組織による一定の品質保証が重要になるのです。日本の量子セキュリティの製品開発は、高品質を目指して進められていますので、そのような品質保証の仕組みが国際的に整備されることで、安価だが低品質な他国の製品に対する優位性が生まれます。

国際標準化が必要な理由というのは、大きく3つ挙げられると考えています。

1つ目は、量子鍵配送のネットワーク化を実現し、サービスの範囲や内容を拡大するためです。量子鍵配送自体は、たかだか2拠点間での暗号鍵の共有にすぎません。この技術をいわゆる暗号通信の装置サービスや、ネットワークの技術と組み合わせることによって、2拠点間の鍵共有だけでは実現できない大規模なネットワークを構築し、任意の2拠点間での鍵の配送やその鍵を使った暗号通信が実現できます。ただ、そのためには、既存の暗号技術や通信の技術とどのように組み合わせて構築するのか、というアーキテクチャが重要で、そのための議論と構築が必要です。その取り組みを我々はITU-Tという標準化団体で進めてきました。そこではNICT、NEC、東芝で連携し、国際的にその標準化の取り組みをリードして、「Y.3800」をはじめとする複数の国際勧告を確立するに至りました。この標準には日本が長年実証等で培ってきた、日本の技術が中心となったものとなっています。

2つ目は、使いやすさを向上させるためです。量子暗号自体は非常に複雑な技術ですが、これをたくさんのユーザーに使ってもらう必要があります。広く使っていただくためには、それをどうアプリケーションに見せるのかというところが重要になってきます。そのための仕組みとして暗号鍵を提供するためのインターフェースの標準化をETSIにおいて行いました。この標準化により、量子暗号という技術自体に馴染みがないユーザーであっても、比較的簡単に量子暗号のセキュアな暗号サービスを利用可能なアプリケーションの開発構築が可能になります。このような取り組みが、量子暗号の適用範囲を広げる活動になっていると考えています。

3つ目は、量子暗号装置自体の安全性の認証に関するものです。量子暗号という技術装置サービスはまだ世に無い物ですので、どういった基準を満たせば量子暗号装置が正しく実装されているのか、という国際的な規格が現時点ではない状況です。

日本は、高い技術を持ち、国際的にもリードした形で量子暗号通信の技術・サービス・装置を開発してきています。そういった知見を生かして、国際標準という形で量子暗号通信技術の定義や要件を定め、またその安全性の評価に関する基準や方法を適切に定めることによって、国際的に機能する認証の仕組みを構築し、量子暗号通信の技術製品サービスが世の中に受け入れられやすくなるように、取り組みを進めています。

以上3点の観点から国際標準化が重要で、これまで「Tokyo QKD Network」での実績を基に様々な国際標準の勧告を提案し、承認されてきました。これら標準に準拠した製品をいち早く市場投入することで競争優位性を維持し、量子セキュリティの信用度を高めるべく国際的にリードしながら取り組みを進めています。

多様な量子技術を取り込み量子コンピュータ時代のインフラ構築へ

Q 日本の量子セキュリティにおける将来展望、ロードマップについてお伺いします。

量子暗号通信技術はミニマムな構成だとポイントtoポイント（一対一接続）での暗号通信サービスだと思いますが、例えば「Tokyo QKD Network」のような形で、ネットワークを構築することができます。ネットワークはさらに、複数のユーザー・ドメインを収容するようなプラットフォームを形成することができると考えています。さらに、その先には都市間、あるいは海外とも接続するような大規模なネットワークを構築していくことが想定できると思っています。

大規模なネットワークの構築に必要な技術としては、量子暗号技術だけではなく、耐量子公開鍵暗号といった技術との組み合わせも必要になります。そういった取り組みや、さらには遠くの拠点と接続するための、長距離量子暗号技術や、衛星を使った量子鍵配送といったような技術も活用されると考えています。さらに、量子暗号装置の小型化に向けたチップ化技術にも取り組んでおり、小型化することによって、今以上にユースケースが広がることを期待しています。セキュア通信の大規模化、グローバル規模のネットワークを作っていくというところをビジョンとして考えておりますし、さらにその先には量子中継のような量子技術も取り込み、量子コンピュータ時代のインフラ構築へつなげる研究開発をしていきたいと考えています。

こうした我々の取り組みは、英国科学誌『Nature』２０２２年の特集記事「Focal Point」で掲載されたＳＩＰ「光・量子を活用した Society 5.0 実現化技術」の中でも紹介されています。

このような量子セキュリティを実現するインフラ構築を進めてきた中で、今後は数年以内に産官学共同利用から商用利用につなげていきたいと考えます。また衛星量子暗号技術も統合し、２０３５年頃には我が国全体で量子セキュアクラウドサービスが利用可能な体制の充実を図りたいと考えます。

インタビュー

6

Society 5.0を実現する量子コンピューティング

戸川望
早稲田大学
理工学術院 教授

田中宗
慶應義塾大学
理工学部 物理情報工学科 准教授

最近、報道で耳にする機会が増えた「量子コンピューティング」。
すごそうだということはなんとなく理解しているが、
「どのようなものなのか？」「いったい何の役に立つのか？」といったイメージが湧きづらい。
内閣府科学技術・イノベーション推進事務局が2022年4月22日に公表した
『量子未来社会ビジョン』では、2030年には日本国内で、
量子コンピューティングを含む量子技術の利用者が

約1000万人とすることを目標として掲げられている。
今や、量子コンピューティングを含む量子技術は、
近い将来に我々の身の回りに根ざす重要技術であると位置付けられているのだ。
ここでは、内閣府ＳＩＰ事業「光・量子を活用したSociety 5.0実現化技術」における
量子コンピューティングの取り組みを中心に、研究開発の現場について紹介する。

データ量の急増に対処するための2種類のアクセラレータ

Q なぜ今、量子コンピューティングが注目されているのでしょうか？

従来のコンピュータ技術のみでは太刀打ちできない情報処理を高速に行うことが期待されているからです。

数年前から世界各国で、IoT（Internet of Things）やＤＸ（Digital Transformation）と呼ばれ

図1　情報処理を高速化するコンピュータ技術（アクセラレータ）の分類

る概念の重要性が認識されています。従来の技術では取得できないデータを取得することが可能になるからです。一方で、IoTやDX等の技術革新や社会変革により、２０３０年に人類が生み出すデータ量が、２０１０年のデータ量の１０００倍程度になるという試算もなされています（参考：https://www.riec.tohoku.ac.jp/riecnews/special/17/）。このデータ量の伸び方は、従来のコンピュータ技術のみで取り扱うだけでは太刀打ちできないという指摘があります。つまり、現実的な時間内にデータ処理を行うことができないというわけです。

データ量が莫大になるに従い、情報処理はより複雑になってきます。そのため、複雑な情報処理の一部を高速化することで、現実的な時間内にデータ処理を行う方法を考える必要があり、そのための研究開発が進められています。情報処理を高速化するコンピュータ技術をアクセラレータと呼びます。

アクセラレータの研究開発は大きく２つの領域に分けることができます（図１）。１つは、長年培われてきた半導体技術の延長線上に位置付けられる、いわゆる従来型アクセラレータと呼ばれるもので、ＧＰＵ（Graphics Processing Unit）や、ＦＰＧＡ（Field-Programmable Gate Array：書き換え可能な集積回路）、ＡＳＩＣ（Application-Specific Integrated Circuit：特定用途向け集積回路）などが相当します。これらの従来型アクセラレータの研究開発は、ＡＩブームによって加速されています。

もう１つは、次世代アクセラレータと呼ばれるもので、量子アニーリングマシン等に代表されるイジングマシン、ＮＩＳＱ（Noisy Intermediate-Scale Quantum）デバイス、誤り耐性量子コンピュータなどが挙げられます。ＮＩＳＱデバイスと誤り耐性量子コンピュータをあわせて、ゲート式量子コンピュータと呼ぶ場合もあります。

目的が異なる3種類の次世代アクセラレータ

Q 図1で挙げられている次世代アクセラレータはそれぞれどのようなものでしょうか?

図1では3種類の次世代アクセラレータを挙げていますが、それぞれ目的が異なるものですので、1つずつ説明いたします。

イジングマシンが対象としているのは、「利益最大化/コスト最小化となるパターンを、膨大なパターンの中から探索する」と言い表すことができる、いわゆる組合せ最適化問題と呼ばれるものです。組合せ最適化問題は、社会課題の様々な場面に内在します。

宅配便の例をもとに考えてみましょう。宅配便では、物流拠点からそれぞれのお客様に荷物を届けます。そのとき、図2(左)のような荷物の届け方をすることは非効率です。このような届け方をすると、宅配便ドライバーの方々の労働時間超過につながりますし、また、宅配便の車両のガソリン消費量が多くなってしまいます。すなわち、コストがかさんでしまうというわけです。一方で、図2(右)のような荷物の届け方をする

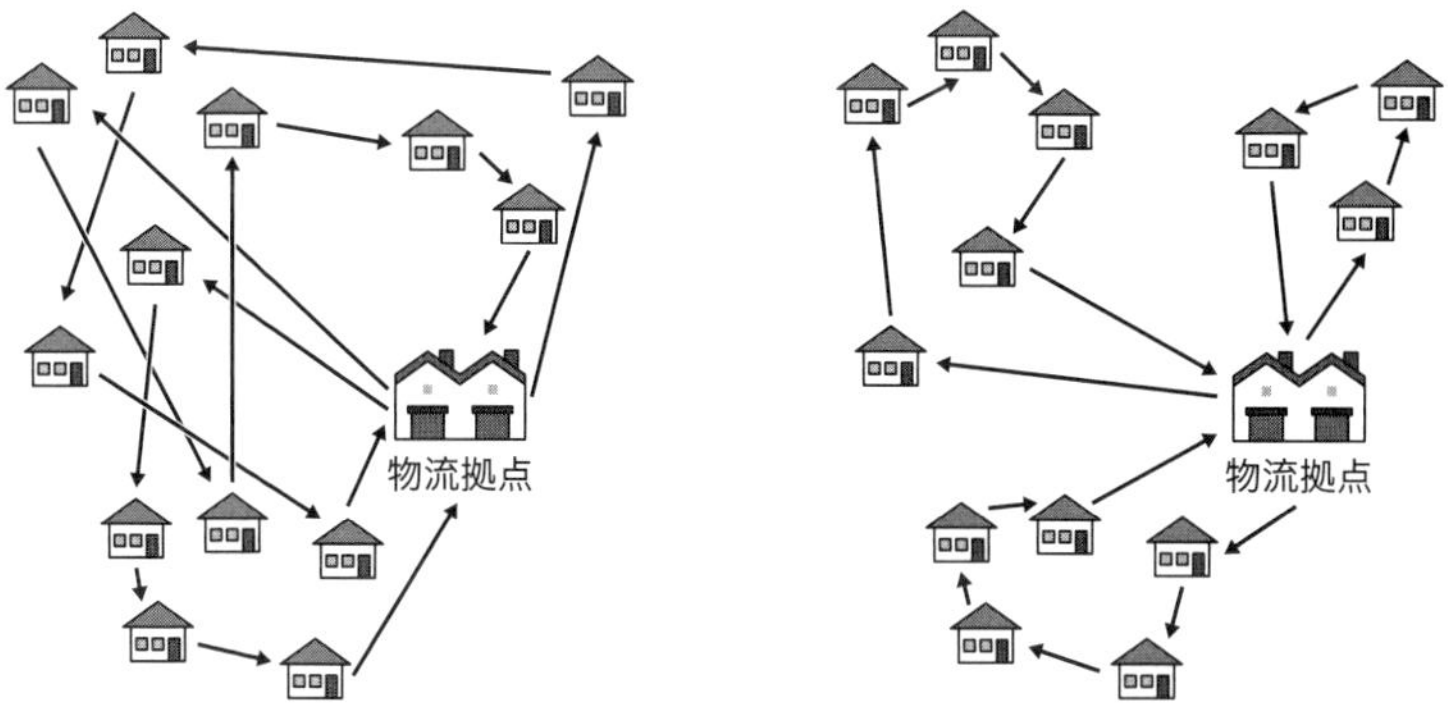

図2　宅配便における組合せ最適化問題。(左)非効率な荷物の届け方。(右)効率的な荷物の届け方

ことにより、コストをなるべく抑えることができるというわけです。宅配便の届け方は図2に挙げたパターンとは異なるパターンが膨大に存在します。その中から図2(右)のようなパターンを高速に探索することが期待されているのがイジングマシンです。

これに対して、NISQデバイスの対象として現在活発に研究が進められているのは、量子化学シミュレーションや量子機械学習と呼ばれる領域です。量子化学シミュレーションによって、例えば、光化学反応の計算を行うことができると期待されています。光化学反応とは、物質が光を吸収し、その光のエネルギーによって引き起こされる化学反応のことを指し、この計算を行うことにより、最適な人工光合成材料などを設計する際の指針を立てることが可能になります。材料開発の現場では、膨大な試行錯誤を経て、新材料の開発が行われています。この試行錯誤の部分に、量子機械学習と量子化学シミュレーションを組み合わせることが期待されています。これはまさに、材料開発においてデジタルツイン（現実世界の情報をデジタル化し、デジタル空間上に対応させたモデルのこと。製造業において近年注目度が高まっている考え方）の考え方を導入したことに相当し、開発や製造の低コスト化が期待されるというわけです。

そして3つ目の誤り耐性量子コンピュータは、究極の量子コンピュータです。従来のコンピュータより圧倒的に高速に情報処理可能であることが数学的に保証されている、いくつかの例が知られています。例えば、電磁界解析や熱流体解析等の科学技術計算に内在する巨大なデータからなる連立一次方程式を高速に解法可能であることが知られています。しかし、誤り耐性量子コンピュータの実現には多くの困難があるため、着実な研究開発に基づく技術的革新が待ち望まれているという現状です。

Q 図1で挙げられている次世代アクセラレータの研究開発はそれぞれ現在どのように進んでいるのでしょうか？

図1で挙げた3種類の次世代アクセラレータいずれについても、現在、様々な企業に

よりハードウェア開発が進められています。また、ハードウェアが完成してからソフトウェアを開発するのではなく、ハードウェア開発と同時並行でソフトウェア開発が進められているのが特徴です。

「次世代アクセラレータのハードウェア技術が成熟した頃には社会に浸透している」という考え方がありますので、ハードウェア技術が発展途上である今からソフトウェア開発に取り組んでいく必要があり、実際、世界各地で、ハードウェア開発と同時並行でソフトウェア開発が進められているというわけです。

先ほど述べた組合せ最適化問題をイジングマシンで解く場合には、従来は非常に複雑なプログラミングが必要でした。その複雑さを緩和するため、フィックスターズ社(https://www.fixstars.com/ja) は、Fixstars Amplify と呼ばれるソフトウェア開発環境を構築しました。世界各地で様々なイジングマシンが開発されていますが、いずれのタイプのイジングマシンにも対応することができる画期的なソフトウェア開発環境です。最近、Fixstars Amplify は、イジングマシンだけでなく、従来のコンピュータにおいて動作する数理最適化ソフトウェアやＮＩＳＱデバイスにも対応可能となり、ソフトウェアとしての成熟度が増している状況です。

また、ゲート式量子コンピュータ、つまり、ＮＩＳＱデバイスや誤り耐性量子コンピュータの技術が成熟した将来を踏まえ、これらでどのようなことを行うことができるか

を、従来のコンピュータにおいてシミュレーションするという取り組みがなされていま
す。QunaSys社（https://qunasys.com/）は、Qulacsと呼ばれる世界最高クラスの動作速度を有するゲート式量子コンピュータのシミュレータを開発しています。実際、Qulacsを用いることで、ゲート式量子コンピュータの活用方法を模索する研究開発が進められています。また、NISQデバイスや誤り耐性量子コンピュータのハードウェア開発を行っている企業の多くはシミュレーションソフトウェアを開発しており、ゲート式量子コンピュータの技術が成熟した際の、ゲート式量子コンピュータユーザーの裾野を広げる活動を進めています。

次世代アクセラレータを適材適所に使い分ける「コデザイン」プラットフォームの導入

Q　以上を踏まえ、内閣府SIP事業「光・量子を活用したSociety 5.0実現化技術」ではどのような次世代アクセラレータの研究開発が進んでいるのでしょうか？

内閣府はSociety 5.0と呼ばれる新たな社会、超スマート社会とも呼ばれるものです

が、これを提唱しています。Society 5.0はこれまでの情報社会をさらに高度化・発展させた社会と言われます。Society 5.0では、サイバー空間とフィジカル空間が融合され、フィジカル空間から得られた様々なセンシング情報をもとに、サイバー空間で分析・解析を行い、その結果がフィジカル空間にフィードバックされることで新たな価値が創造されるものです。交通、医療・介護、ものづくり、農業、食品、防災、エネルギー分野をはじめ、社会のあらゆる分野でシステムの高度化が達成され、大きな変革を生むと言われています。

Society 5.0を構成する仕組みには様々なものがありますが、その中でも人工知能による高度の判断をはじめ、「極めて多くの選択肢の中から、最も良いもの、あるいは最適なものをいかに選び出すか」が問われます。前述したように、このような問題は組合せ最適化問題と呼ばれ、社会の様々な分野に登場します。例えば、配送ルートの最適化に代表されるようにMaaS（Mobility as a Service：サービスとしての移動分野）等や、人員シフトの最適化、金融ポートフォリオの最適化など枚挙にいとまがありません。Society 5.0による高度な情報処理を実現するには、こうした問題をいかに解決するかが大きな課題となっているわけです。

このような背景から、早稲田大学・慶應義塾大学は、フィックスターズ社、QunaSys社とともに、内閣府ＳＩＰ事業「光・量子を活用したSociety 5.0実現化技術」の中で、前述の問題を解決するためのソフトウェアプラットフォームとして次世代アクセラレータ基盤の構築を進めています。これは、実行したアプリケーションプログラムに対して、前述した次世代アクセラレータ、すなわちイジングマシン、NISQデバイス、誤り耐性量子コンピュータを問題の特性に応じて適材適所で使い分け、アプリケーションプログラムを最適に実行するプラットフォームです。古典コンピュータと、前述したような次世代アクセラレータを組み合わせることで、Society 5.0の実現を困難にする様々な問題を高速・高精度に解き、Society 5.0の実現を大きく前進することを目指しています。

ここで注意すべきことは、次世代アクセラレータは、Society 5.0を構成するあらゆる問題を高速化・高精度化するわけではないことです。例えば、問題を与えたり、出力された答えを取り出したりするときには古典コンピュータを使うのが一番良いと言えます。物理シミュレーションをするには微分方程式の解法が必要となる場合が多いと思いますが、これまで多くのライブラリ等が蓄積されており、古典コンピュータを使ってこれを解いた方が良い場合もあります。その一方、組合せ最適化問題や、化学系のシミュレーションなど、次世代アクセラレータが圧倒的な効果を発揮する場合もあります。ここに挙げた例のように、どの問題に次世代アクセラレータを含めて、どのような計算リソースを配分するかは問題の規模や特性に大きく依存します。そこで、我々の研究開発では、「コデザイン」（最適な計算リソースの配分の仕組み）という考えを導入することでこうした問題を解決することとしました（図3）。

我々の成果は、物流倉庫の最適人員配置や量子化学計算など、非常に多様な分野でその成果が見て取れます。次世代アクセラレータ基盤を活用することで、DX（デジタル・トランスフォーメーション）やQX（量子技術を用いたトランスフォーメーション）を進めることになると確信しています。

近年の量子コンピュータの話題は非常に多く、国内外で研究開発が活発化しています。前述のように2022年には内閣府が量子未来社会ビジョンを作成し公開しています。特に、量子技術をベースとした新たなコンピュータとして開発が進む、イジングマシンは多くの実機がリリースされており、基礎研究の段階から産業応用を探索する段階に移行しているといえます。

これまでの計算機の発展の歴史を見ると、ハードウェア開発だけでなく、いかにソフトウェアを開発していくかが鍵となっており、最終的にソフトウェアプラットフォームを制したものが、その産業のすべてを独占していると言っても過言ではありません。そうした意味で、我々の研究開発はいち早く、次世代アクセラレータを対象としたソフトウェア基盤技術を確立しようというものであり、またすでにここで確立したソフトウェア技術の一部の産業応用が始まっています。今後、ますます量子ソフトウェア技術が進化するものと思います。

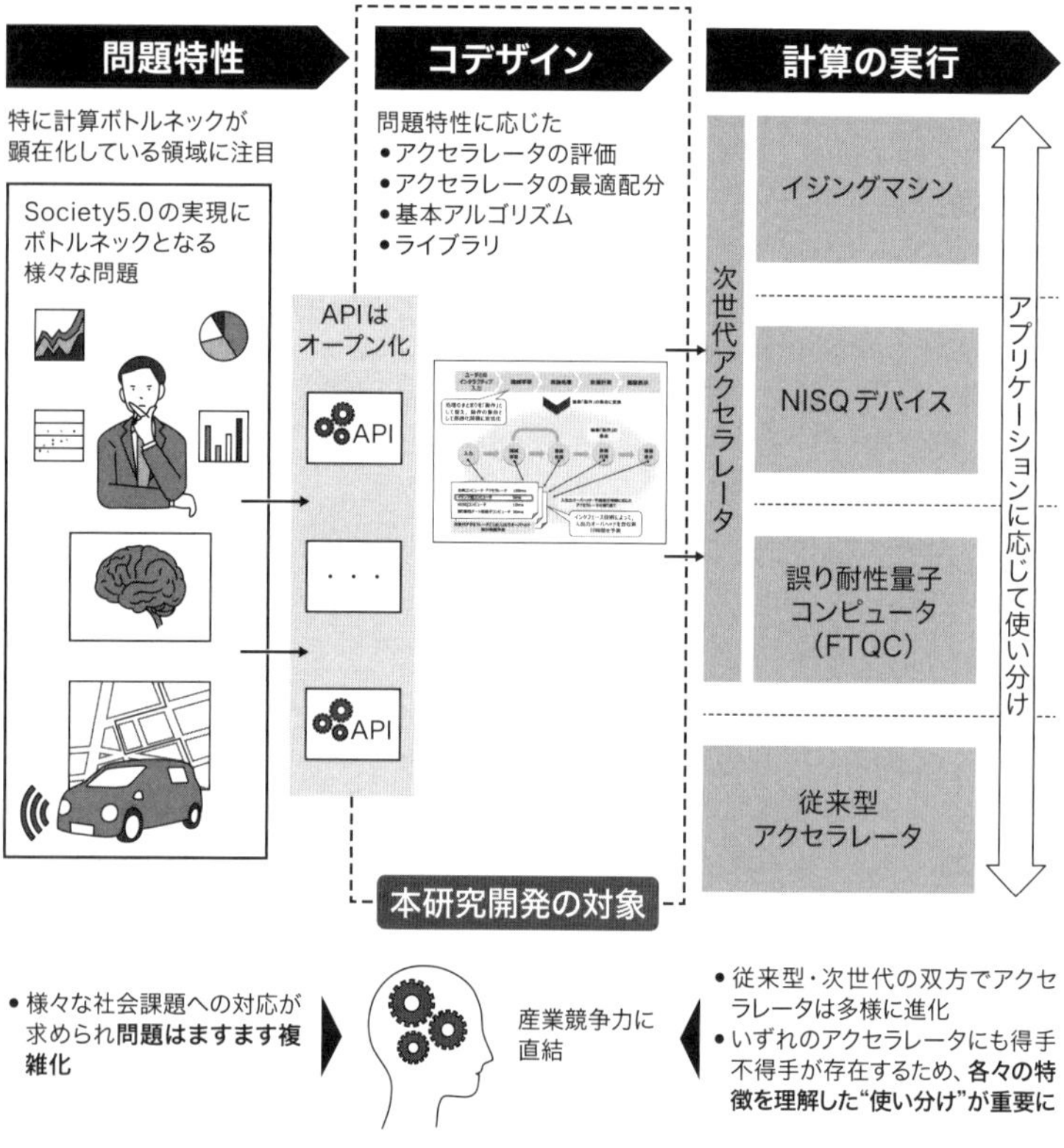

図3　次世代アクセラレータのコデザインプラットフォーム

人員シフト最適化をイジングマシンで実行するソフトウェア開発の実例

Q 図1で挙げられている次世代アクセラレータは、具体的にどのような活用が考えられていますか？

図1では3種類の次世代アクセラレータを挙げていますが、それぞれの次世代アクセラレータでフェーズが異なりますので、分類して説明いたします。

先ほど述べたように、イジングマシンは組合せ最適化問題を高効率で処理するためのコンピュータです。イジングマシンを開発している企業として、カナダのスタートアップ企業であるD-Wave Systemsや、日本の日立製作所、富士通、東芝、NEC等が挙げられますが、それらの企業のwebサイトに、企業におけるイジングマシンの活用事例が掲載されています。また、大学においても産学共同研究開発等を通じて、矩形パッキング問題（なるべく狭い区画にできるだけ多くのものを詰め込む方法を探索する問題）やスロット配置問題（回路配線をできるだけ短くするような部品の配置を探索する問題）と呼ばれる、集積回路設計に関係する組合せ最適化問題や、交通流最適化や工場内の無人搬送車最適化、アミューズメントパークの経路探索といった、交通、工場、サービス業に関係する組合せ最適化問題に対する取り組みがなされています。また最近では、イジングマシンとＡＩの融合手法が提案され、それをもとに、材料の最適構造探索、自動車部品の最適締結点探索等の製造業における応用事例発掘が進められています。

ゲート式量子コンピュータにおいては、数多くの量子化学計算に対する応用事例発掘がなされています。QunaSys社が構築したQamuyと呼ばれる量子化学計算クラウドサービスを用いて、量子化学計算において重要なトピックである、分子の最安定構造探索や光吸収スペクトル計算、化学反応経路探索などへの応用の取り組みが進められています。

Q 次世代アクセラレータが、実際の企業の活動現場で使われている例はありますか？

上述の内閣府ＳＩＰ事業「光・量子を活用したSociety 5.0実現化技術」において、フィックスターズ社が中心となり、物流倉庫企業における実際の人員シフト最適化に対して、イジングマシンを活用した事例があります（図４）。物流倉庫企業においてはパートタイマーで働かれている方が多く、もともとは、現場のリーダーが人員シフト作成を手作業で１日数回行っていました。１回の人員シフト作成にだいたい数十分程度かかって

図4　物流倉庫企業における次世代アクセラレータ適用例。人員シフト最適化を行っている様子

しまっており、人員シフト作成自体が大仕事となってしまっていました。というのも、物流倉庫企業においては様々な仕事がありますが、それぞれのパートタイマーの方々の不公平感が少なくなるような人員シフトを作成しなければなりません。働いている方々、企業双方にとって、よりメリットがある人員シフト作成を行う必要があり、これは一筋縄ではいかない難題なのです。フィックスターズ社は、人員シフト最適化をイジングマシンで実行するためのソフトウェアを開発しました。そのソフトウェアを用いたところ、わずかな時間で人員シフト作成が可能になりました。また、現場ヒアリングを丁寧に行い、改良を重ね、実際の現場で考慮しなければならない様々な条件を考慮した、より最適な人員シフト作成を

可能にする、人員シフト最適化エンジンを開発中です。さらに、この人員シフト最適化エンジンが作成する人員シフトが生産性向上につながっているかを検証するためのデータ化や分析ツールについても開発中です。

詳細は、フィックスターズ社のYouTubeチャンネルにある動画「次世代アクセラレータ基盤における社会実装（内閣府主催ＳＩＰシンポジウム２０２１）」(https://www.youtube.com/watch?v=UyvomUej2Xw) でも紹介していますので、そちらをご覧ください。

この例からもわかりますように、次世代アクセラレータは物流倉庫企業におけるＤＸ化の促進の鍵となっています。いまは社会実装の場が提供されることで、次世代アクセラレータの可能性が飛躍的に高まる、という時代だと考えています。そのような考えから、住友商事のQuantum Transformation（ＱＸ）プロジェクトと連携し、量子技術を起点とした社会変革のあり方を模索しています。

Q　その他にも、次世代アクセラレータが、活用されている具体例はありますか？

さらに、通信事業者と連携し、周波数割当最適化にも取り組んでいる例もあります。次世代規格の通信をする基地局には隣接基地局と周波数チャンネルの干渉を起こしては

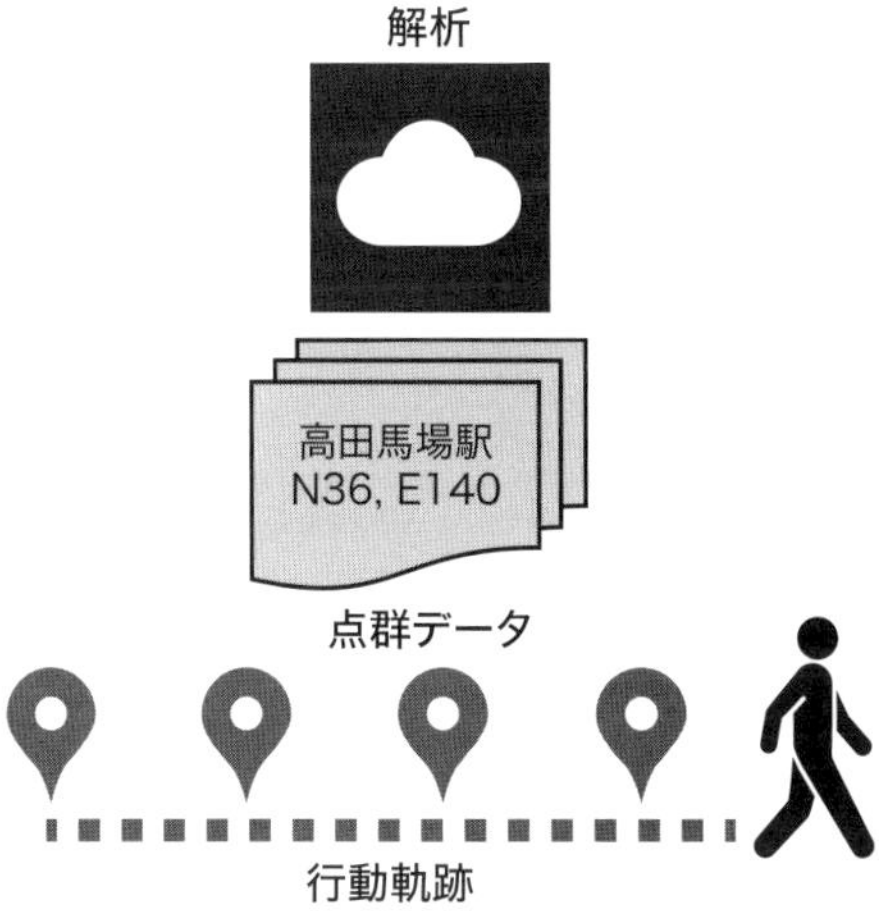

図5　位置情報の解析

いけないという制約を満たしつつ、とある時間帯において一定のチャンネルを確保するという目的をいかに最大化するかが課題となります。良い配置のためには制約を満たしながら基地局と周波数の割当を行う必要があります。我々は、基地局配置を次世代アクセラレータ・コデザイン問題と見なし、最適配置を得るためのソフトウェアを開発しているわけです。

また大規模位置情報解析事業者と連携し、位置情報解析にも取り組んでいます（図5）。モバイル端末を使い位置情報を取得する位置情報解析業者はその位置情報データから価値のある情報を取り出すことが課題となっています。その膨大な位置情報＝点群データから効率よく意味のあるデータを抽出する必要があります。次世代アクセラレータ・コデザイン問題への取り組みとして位置情報解析ソフトウェアも開発しています。

第4章

光・量子技術を社会に還元するCPSプラットフォーム

光・量子技術は産業と社会のパラダイムシフトにつながる重要な技術領域である。一方、これらの技術を使って実際に広く社会で利用される製品やサービスを産み出していくのは容易なことではない。本章では、そのために必要な仕組みと取り組みについて考える。

異なる世界の知識をつなげる

高度成長期からの日本の高品質で高機能なものづくりを支えたのは、企業での「要素技術」と「生産技術」両面での粘り強い開発です。技術開発から製品化まで企業が一気通貫で行う「垂直統合型」の事業モデルでした。

ところが近年になって、モバイルの様々なデジタルサービスが普及し、AIやデータ分析も利用しやすくなりました。最近では大きな社会・環境変動への対策が求められています。大企業にとっても、従来の自前主義、囲い込みの戦略ではうまくいかない時代になってきました。多様なパートナーとの連携や、水平分業型のバリューチェーンを取り込んだ事業が多くの企業で求められています。

光・量子という非常に高度な専門知識と経験を要する最先端技術を産業化する際には、その傾向はより一層強くなります。異なる専門性や価値観を持つ人や組織が力を合わせないと実現できないのではないでしょうか。

フィジカルと呼ばれる現実世界での物質と光の超微細で複雑な相互作用を理解して、多彩なレーザー加工に応用するための研究開発を担う学術界の人材には、非常に高い専門性が求められます。一方、非常に複雑な現象を解析して、産業応用を探るうえで欠かせないのはサイバーの世界で進化してきたＡＩ・機械学習、ビッグデータを活用したアプローチです。フィジカルとサイバーという異なる世界の知識を融合した取り組みが求められることになるのですが、この両方に長けた人材はなかなかいません。

学術界と産業界の価値観の違いも、両者の力を合わせるうえでは課題となります。学術界では、成熟した学術分野になればなるほど、「優秀な人間はその世界の中でより専門性を磨くべき」で、「領域や分野の壁を超えて専門性の幅を広げることは二の次」という意識が根強いと言えます。企業としても、高度な専門分野の優秀な研究者・開発者は少ないのでなかなか採用も難しく、結果的に学術界と産業界の間の知識のギャップは非常に大きくなります。

このように、光・量子技術の社会実装の加速は、サイバーとフィジカルの専門性と、学術界と産業界の世界をいかにつなげて、活性化させるかにかかっています。それには、学術界・産業界全体で人材や情報の流れを増やして、新たなバリューチェーンを生み出す取り組みが必要です。日本が、要素技術だけでなく、この領域の社会実装の面でも世界をリードしていくためにどういうことが必要なのか、ここから考えていきます。

日本の大学・研究機関が「ダーウィンの海」を泳ぐ難しさ

日本の大学による研究開発成果が、社会実装されたある事例を説明します。携帯電話に使われるＬｉＤＡＲのレーザー発振器の垂直共振面光レーザーＶＣＳＥＬ（ビクセル）は、日本で開発されたすばらしい技術です。産業化においては米国Lumentum（ルーメンタム）社が成功し、携帯電話メーカーが採用・量産され、ビジネス成果を上げている状況です。一方受信機側は日本製ＣＭＯＳイメージセンサーが世界のトップマーケットシェアを握っています。

なぜ発振器側は日本が発明した技術であるにもかかわらず、米国企業が産業化に成功したのでしょうか？　しかもＣＭＯＳを制御するロジック、メモリー半導体の多くも海外企業に占められています。研究開発をもっとうまく産業化することで、日本企業のシェアを増やすようなビジネス展開ができた可能性はあります。以下では、現在日本の大学や研究機関で起こっている課題を説明します。

図１の横軸は、製品開発フェーズを基礎研究段階から、試作品・量産試作・生産・市場投入までを表現しています。そのステップは、ハードウェア製品（ＨＷ）とソフトウェ

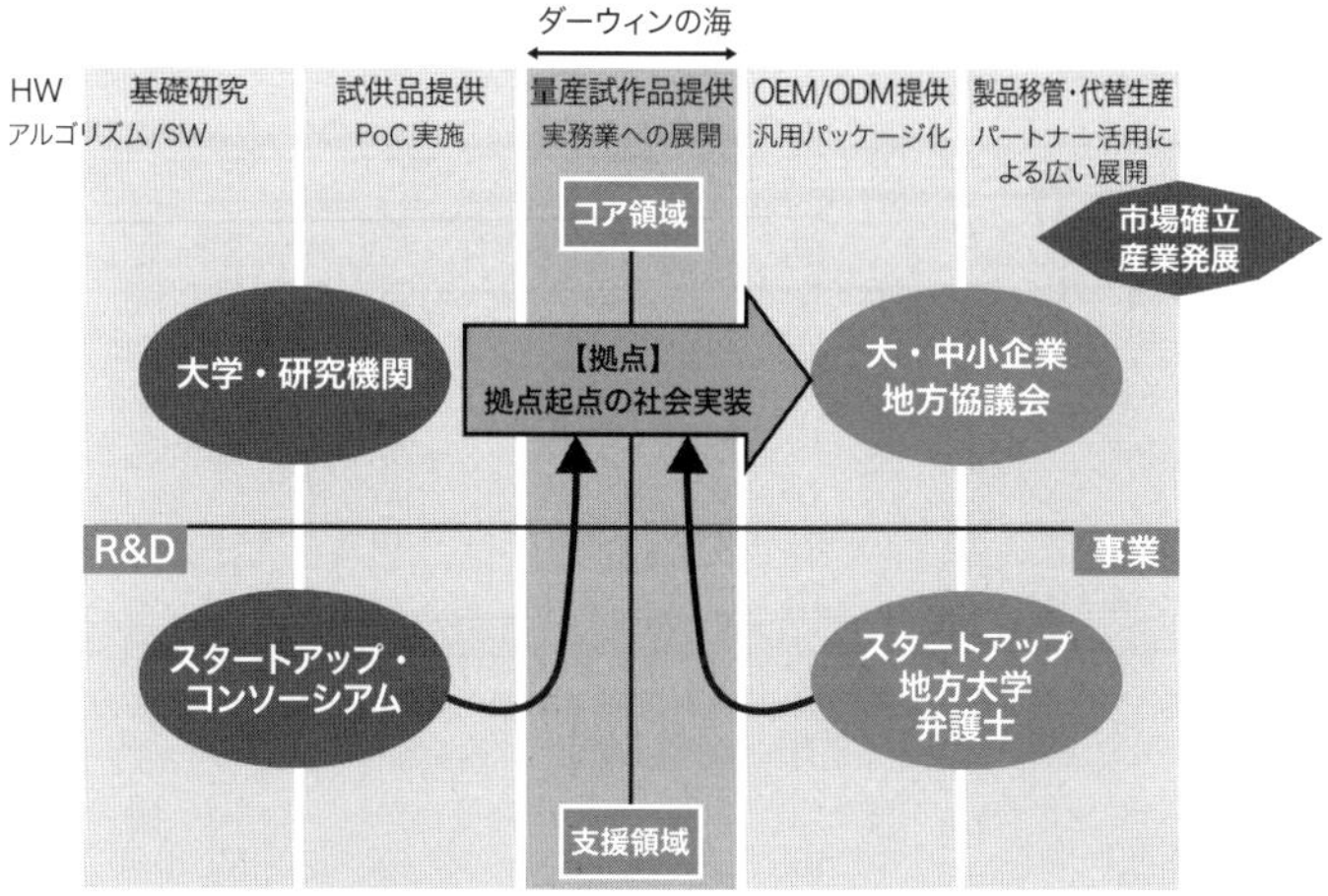

図1　プラットフォームの前提となる戦略

ア製品（アルゴリズム／ＳＷ）で異なりますが、研究段階の技術が製品化され、さらに社会で広く使われる「社会実装」に至るまでには数々の障壁があると言われています。研究ステージから製品開発に移るまでの「魔の川」、開発ステージから事業化の間の「死の谷」、そして、事業化ステージから産業化（社会実装）の間は「ダーウィンの海」と呼ばれています。「ダーウィンの海」とは、進化論を唱えたダーウィンの自然淘汰にちなんだ表現で、産業化に至るには世の中の様々な製品との競争に勝ち残ることが求められることを意味しています。第２章の国際シンポジウムのコラムで紹介したドイツの応用研究機関が取り組む「イノベーションギャップ」の課題を思い出してください。

縦軸は、実際の開発に関係する組織を

「コア領域」、それを支援・サポートする組織を「支援領域」として表現しています。「死の谷」「ダーウィンの海」を渡るには、コア領域のR＆D（研究開発）から事業・産業化への移行を促進する「社会実装支援機能」が重要になります。

日本では、この「社会実装支援機能」は、大学を中心に特定地域やドメインの企業がつながった産学連携コミュニティの「拠点」が担っているという構図になっています。しかし、大学や研究機関が開発した優れた技術の産業化には、企業に対して技術支援だけではなく、状況や事情に合った様々な支援が必要です。

図1の各プレイヤーは、研究テーマごとに異なってきます。今回研究テーマとなっている、フォトニック結晶レーザーやレーザー加工機のＨＷ（ハードウェア）とアルゴリズム／ＳＷ（ソフトウェア）をグローバルに社会実装する場合、左上の大学・研究機関が開発した製品を、拠点が窓口になり社会実装の支援をしながら右上の大・中小企業へ紹介、市場確立・産業発展へと進んでいきます。左下のスタートアップ・コンソーシアム向けには、R＆D段階での開発支援を行い、右下のスタートアップ向けにはさらにそれを量産化や製品化することを支援します。右下のプレイヤーには、資金調達をするベンチャーキャピタルや政府と金融機関、さらには契約のための弁護士といったメンバーの支援も必要になってきます。各プレイヤーには、必要な機能があり、それを明確化し、正しく機能させることが重要です。

ここからは、本来のあるべき「社会実装支援機能」とは何かを考えるうえで、日本の大学・研究機関が抱える課題について、人、モノ、カネ、情報の観点から分析していきます。

大学から「ファーストペンギン」が生まれない理由

【人の問題】

人については、「成果」に対する評価基準に課題があると考えられます。大学は、最上流の研究および高等教育を担う立場なので、その視点から「成果」に対する評価がなされる傾向にあります。これは国の研究機関においても似たような傾向にあり、産業化のために企業を支援しても「成果」として評価されにくいと考えられています。

日本の大学・研究機関の研究者は、成果は学術論文数とそのクオリティにより評価されます。例えば掲載された論文誌の影響度＝インパクトファクターなどで測られます。また学術論文においても、新しい学術的概念や新規のモデルによる新たなものの考え方を提起するような成果に重きが置かれます。一方、その成果を社会において実際に使えるモノにするための開発に近い部分は、大学ではなく、企業やスピンオフのベンチャー、さらには応用研究を担う研究所などの仕事だと見なされがちです。つまり、新たな概念をもって学術領域を開拓して、先端技術の先導者となることが大学では価値があると見なされるのです。

そして、大学生・大学院生などの未来を担う後進への教育と、それら先端研究を連携させた研究プログラムをつくることが、研究と教育を担う大学教員の中心的役割と見なされています。そのような観点からの活動に対する評価が、教授への昇進など大学組織の中で確固たるポジションを得るためには重要です。また、必ずしも研究とは関連しなくても、大学を社会から見て魅力あるものにするための、例えば国際化や地域貢献など様々な期待に対して大学として応えていく役割を研究者は担っています。そのうえで、広く社会への公共性を担う立場上、例えば「大学は儲けてはいけない」などの理念も含めて、特定の企業とビジネス連携をするなどの、経済活動の部分は積極的に関わることが難しい状況にあります。社会実装という研究成果の実用化は、非常に時間と労力がかかる行程です。そのため、ビジネスにつながる社会実装は、大学・研究機関の活動の中心におかれないことが多いとみられます。

このように、大学として何を「成果」と捉えるかは、若手研究者から始まる大学・研究機関でのキャリア形成の過程で、確固たるポジションに就くまで、研究者の行動に大きな影響を与えます。一方確固たる地位を得た教授職も、一律年齢による定年制度があり、優れた研究も永遠に続けられるわけではありません。このような大学・研究機関自体の構造や考え方そのものを変革しない限り、時間がかかり「成果」としても認識されづらい社会実装は二の次になる考え方は変化しません。この教育機関の考え方の変革については、教育制度そのものの議論など長い時間がかかると考えられます。そういった背景の中で、先端技術の社会実装を実現するためには、大学・研究機関という組織とは一段違う、価値基準と評価制度の設計思想に基づく新たな組織づくりが重要と考えます。

【モノの問題】

大学・研究機関が、先端技術を産業界に実装するためには、大掛かりな生産設備や、生産技術そのものの開発なども伴うような設備・機器の導入が必要となるケースが多くあります。現状の大学・研究機関ではこのような設備を仮に導入したとしても、恒常的に維持管理するための人材や組織が存在しないケースがあるのではないでしょうか。例えば、大型研究プロジェクトによって大掛かりな研究設備が導入されたとしても、研究期間が過ぎれば、それを管理する人材雇用のための資金を、国の研究費から捻出することは非常に難しくなります。結果として、大規模な予算を投入した最新鋭の設備でも、研究プロジェクトが完了した後は、使える技師がいなくなり、「お蔵入り」となってしまうこともあるかもしれません。

【カネの問題】

日本では国費による研究予算は、科学技術関係予算として計上されます。令和4年度当初予算額では4・2兆円程度（令和4年当初予算：https://www8.cao.go.jp/cstp/budget/index2.html）となり、国の一般会計予算の4％程度となります。これが各省庁管轄の学術関係費として区分けされます。その多くは文部科学省に配分されます。学術振興の観点からアカデミック研究向けの資金として配分される代表的なものは、科研費（科学研究費補助金と学術研究助成基金助成金）です。また、経済産業省、厚生労働省、国土交通省、農林水産省など、各省庁の予算において、それぞれの領域の産業・技術振興を目的とした、産官学の連携のための研究資金があります。これについても、技術開発に対する大きな研究資金となっています。

前者のアカデミック研究向けの科研費は、新しい学術を切り拓き、優れた新規性、独自性、創造性があり、格段に優れた研究成果が期待でき、さらには研究分野の将来の発展に資するなどの観点から研究テーマが採択されると募集要項等に記載されています。これは、ピアレビューという研究者同士の査読により、純粋に提案の実現性や先進性の観点から評価が行われます。応募のうちおよそ1／4程度が採択され、総額は2500億円程度。例えば新規の採択数2万5000件程度で割ると、2〜3年程度の研究期間に得られる資金は平均で1000万円程度と試算されます。研究内容によって規模の差はありますが、残念ながら、大規模な装置を購入し、技師や研究者を雇用して研究体制を維持することは難しい額と考えられます。

一方で、大型プロジェクトは、経済産業省や、各省庁・内閣府などから数億~数十億円規模の大型国家プロジェクトという形で研究資金が提供されます。こういったケースでは大規模な設備を導入して、より実用化フェーズに近い研究開発が行われることもあります。しかし5年ないし10年の研究期間が終了すると、設備を継続的に維持・管理するための追加資金の工面に困るようなケースも見受けられます。さらには研究代表者の定年により、設備や研究室そのものが維持できないケースもあると聞きます。

一方、優れた研究成果から生まれる技術や若手技術者のスピンオフによるベンチャー企業での開発継続などは、日本でも期待され進められています。しかし、米国のようにベンチャーキャピタルからの投資が活発に起きるケースは少なく、日本では特に短期間でマネタイズしない事業では資金が得られない場合も多くあります。政府もベンチャーに対する予算の拡充を進めていますが、先端技術の社会実装に取り組もうとするスタートアップ企業にとって、活用しやすい資金でなければなりません。

［情報の問題］

情報については、大学の場合、情報流通が比較的活発に行われていると考えられています。学術的な内容は論文や学会などを通して広く流通が促され、大学としても特定の企業との共同研究などのケースを除けば、オープンに情報開示がなされています。

研究会や学会等への説明資料は技術的内容が中心であり、概念やモデルなど比較的難易度が高く、学術的な意義についての情報提供が中心となっています。そのため、産業界が求める説明資料、例えば短期的および中期的に「どのような課題を解決すれば、売上・利益への貢献が見込める技術なのか」という点や、それによる「ビジネスシナリオおよび実行計画を端的に表現するための提案書」のような形式になっていないことが大半です。そのため、これらは経営層が技術への投資を意思決定する後押しにはなっていません。

一方で、大学の技術移転機関（TLO）は、本来このようなニーズに応えるべき立場で設立されています。しかし、結果的には企業などとの研究契約などの事務的作業がメインとなり、技術を理解して、積極的に情報開示を行い、顧客企業の意思決定を支援する取り組みはほとんどできていなかったのではないかと、考えています。昨今は、企業側も大学のシーズを積極的に活用する機運が高まってきていますが、企業側が求める情報提供や支援に応えられる大学・研究機関の窓口が少ないことで、本来あるべき社会実装の機会の多くが失われているのではないかと危惧しています。

先端技術の権利を確保するための特許についても、大学単独では一貫した特許戦略を策定することは難しいと言えます。大学ではどうしても範囲の狭い要素技術中心の特許になり、応用領域や他社の分析に基づく戦略的な特許出願は企業まかせになる傾向があります。これが、企業から見て、新規の技術に対するアプローチに二の足を踏む理由となっています。実際に特許出願状況の把握を進めると、すでに、重要な特許を競合他社や海外メーカーに押さえられているようなケースもあります。

また、大学・研究機関が連携する場合においても、データや資料などの格納状況やフォーマットが、必ずしも産業界が使うデータプラットフォームに連携できる形になっていません。一般に、日本のシステムプラットフォームは、グローバル基準と比較すると、データ連携のための体制整備が遅れている状況です。海外プラットフォーマーに頼りきっている一方で、企業と大学あるいはコンソーシアムグループ間での共通プラットフォームを用いたリアルタイムでのデータ連携の運用がなされていない状況と言えます。

海外研究機関の研究開発連携モデル

図2では、このような学術研究と技術の社会実装のはざまで、企業と大学・研究機関の両面から活用される欧米での研究開発連携モデルを示し、日本の現状と比較しています。

【ドイツ・フラウンホーファー研究機構】

ドイツのフラウンホーファー研究機構は、大学・研究機関の技術シーズを保有する研究者と、実用化・事業化を目指す企業との中間に立って、「ダーウィンの海」を渡るためのあらゆる支援を行う組織です。先端技術の社会実装のための、いわゆる「応用研究」を行う研究機関である一方、フラウンホーファーの多くの研究所は大学に隣接しています。

人の出入りは大学からも広く門戸を開けており、卒業後のポスドク研究者の就職先としても活用されています。一方、海外からの研究者を多数受け入れることで、分野や国を超えた研究者のハブ機能を担う一面もあります。また、企業からの開発研究、特にニ

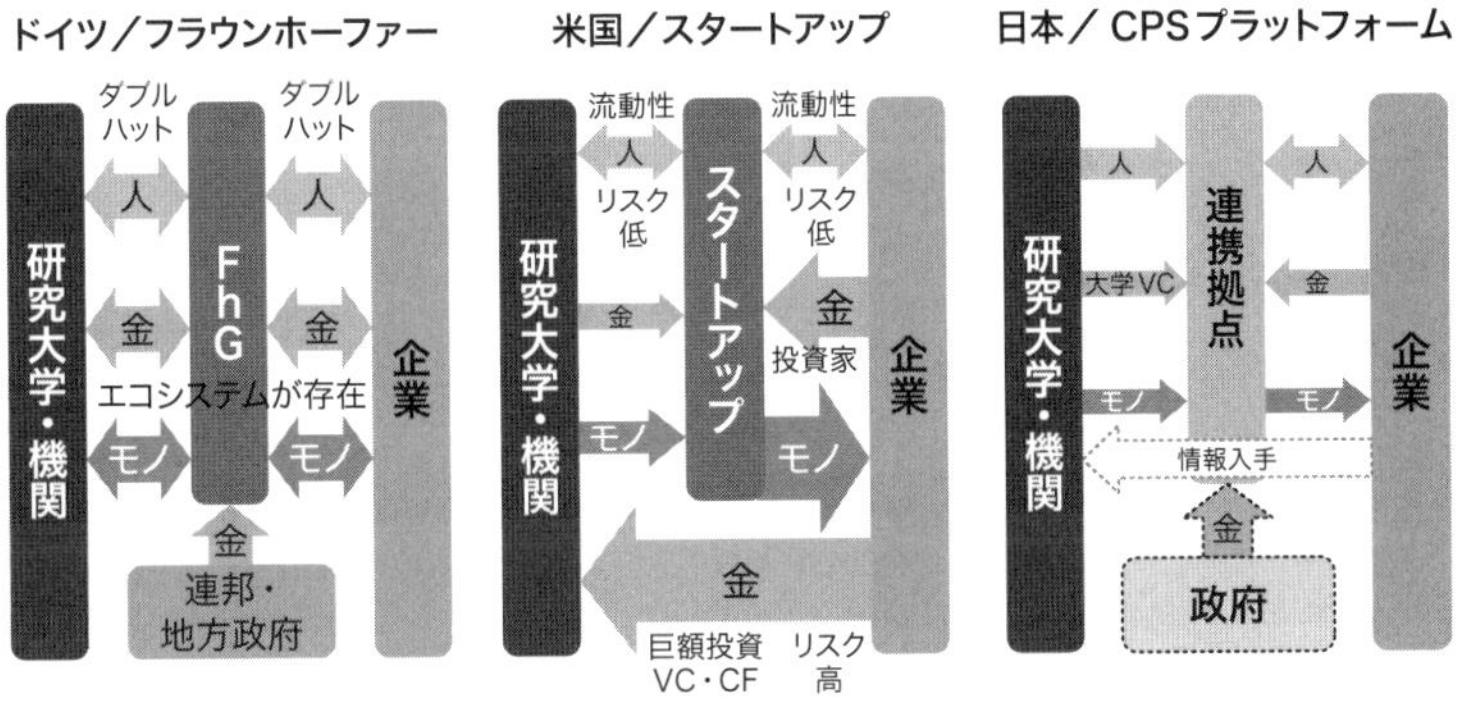

図2　連携機関モデルの比較

ーズをくみ取ってシーズを探索し、実用検討レベルと呼ばれる、企業が開発実証検討できるレベルにまで、質と量の両面からシーズの研究開発を進めます。一般に大学・研究機関などでは煩雑な「条件出し」プロセスや、試験用の量産試作レベルの技術を提供し、企業で試験検討を行うことを可能とします。さらには、一緒にビジネスモデルを考え、場合によっては国との連携により、法や規格などの制度作りにも関わっていると言われています。

　これは、日本では類似の研究機関があるように見えて、なかなか存在しない分野になります。すなわち高い技術力を持ちつつも、アウトプットが論文や学会発表ではなく、検討用の小ロットレベルの量産化という、地道で企業でも手出しが容易にできない、まさにダーウィンの海を渡る先導者としての機能を果たします。プロジェクト自体には企業や大学の研究者、学生などが関与するケースもありますが、企業秘密のコアとなる技術のため、論文や学会発表として表には出てこない活動となります。アカデミアでの発表を重視する日本の大学・研究機関には積極的に取り組みにくい分野で、ミッションの違う機関として設置しなければなかなか担い手のいない領域です。また、企業としても、実用化できるかわからないシーズ技術の検討ロット量産化に対して大掛かりな設備投資を行うことは株主への説明が難しいのが現状です。そのため、研究費支出として固定費ゼロで最先端技術を実証試験レベルで検討できることは非常に有益と言えます。

このような応用研究機関の仕組みは、フラウンホーファーだけでなく、オランダのＴＮＯ（オランダ応用科学研究機構）、台湾のＩＴＲＩ（工業技術研究院）などでも構築され、当該国のみならず海外の大手企業なども含め大規模な資金提供と案件の持ち込みが行われています。このような応用研究機関の仕組みは、今後の日本が目指すモデルを検討する場合、参考になるのではないでしょうか。

【アメリカのスタートアップ】

一方で対照的なのは、米国のＧＡＦＡＭなどのプラットフォーマーによる研究開発主導の先端技術実装になります。これらのプラットフォーマーはネット上のＩＴインフラを駆使した莫大な資金を元手として、機動的な開発を行い、場合によっては他社のスタートアップ技術を買収して素早く成長する方法をとっています。この方法で支援（インキュベート）される技術は、早いタイミングから大きな資金調達が可能となり、素早く実証レベルまでの開発が進むエコシステムが形成されています。米国ではこのようなスタートアップに対する投資と、プラットフォーマーへの融合という形での技術の社会実装までが短期間で進むエコシステムにより、世界を変える技術が次々に生まれる構図になっています。

日本は、大学発のスタートアップが、支援（インキュベート）され大企業のバイアウトにより社会実装される、またはスタートアップが大企業へと素早く成長することで先端技術の社会実装が進むという構図よりは、シーズを大企業が発見し、それを自らのビジネスに実装することで、より大きく社会に実装される構造の方が現実的と考えられます。つまり、スタートアップ型よりも、フラウンホーファー型の研究開発連携モデルを目指すべきと考えます。

【資金のフレキシビリティと人の流動性】

フラウンホーファーと日本の既存研究機関との大きな違いは、資金のフレキシビリティ、人の流動性にあります。フラウンホーファーは、研究機関でありながら、税金で運営資金を賄うという構図からすでに脱却していて、一部資金は国から出ているものの、企業の資金を得ることで、組織構造・研究テーマ・人材の評価などについて、大きな裁量を持っています。

また、人の流動性に対処したり、優秀な先端人材を確保するための「ダブルハット方式」と呼ばれる制度があります。この仕組みにより、大学の研究者・教員はフラウンホーファーに契約ベースの研究者として籍を置くことで、アカデミックな成果とは違った形で開発研究を行い、それに見合う報酬をもらうことが可能となります。

そして、企業および国から集める資金により、通常の経済合理性では行えない、ドイツの産業界全体の技術力の強化という役割も担っています。売り上げが小さく、新しい技術への投資が十分できないような中小企業に対して、大企業との案件に参加できるようにインフラ支援を行うなどの活動も進めています。例えば、シーメンスの開発プラットフォームを導入し、これを低価格で提供。自社単独ではシステム導入できないような中小企業も、大企業と同様の開発プラットフォームを使って開発を進めることができ、大企業への案件も受注可能になり、中小企業の収益性が安定するなどの効果が見られるケースもあります。このように、真に国全体の技術力が向上することで得られた利益による資金が再循環するためのエコシステムづくりも、ドイツのフラウンホーファーは進めています。

［米国のスタートアップを支えるエコシステム］

米国はスタートアップが産業形成に大きく貢献してきました。そのため起業家（アントレプレナー）としての素養を持つ人材を育成する方法論に優れていて、スタートアップを育てるためのエコシステムなどの環境が整っています。また、人の流動性が非常に高く、リスクを取ってでもチャレンジをする方が得をするという社会的通念や評価体系が出来上がっています。そのうえで、リスクを取った人間をそのまま没落させるようなことがないように、再チャレンジできる環境も整っています。このような社会的構造の中で、投資に関する基盤も盤石です。多大な資金と優れた目利き力をもつVC（ベンチャーキャピタル）や、CF（キャピタルファンド）の存在があり、それらを大学・研究機関とマッチングさせるサイバー空間でのコミュニケーションツールも充実しています。このような投資基盤が整備されていることから、実際にスタートアップに投入される投資額も、他の国とは桁違いに大きい状況にあります。

社会実装を支援するCPSプラットフォーム

今後、企業と大学研究機関との垣根を克服し、ともにダーウィンの海を越えて新しい産業を生み出すためには、その間を取り持つ新たな価値観を持った組織づくり、いわば日本版のフラウンホーファーモデルを志向した社会実装の担い手を創造することが必要になると考えられます。そして、このリアルなエコシステムを補完する、サイバー空間上でのデータ流通と人脈の構築が可能なサイバーフィジカルシステム（CPS）プラットフォームがこの問題を解くカギになるのではないでしょうか。

図3は、複数の「連携拠点」が、「顧客」である様々な企業を相手に社会実装・産業化を進めるという構図において「CPSプラットフォーム」が果たす役割を示しています。企業の研究開発や事業戦略の支援には、実績のある様々なパートナーとの連携が必要となります。そして、常に世界を意識した戦略が求められます。海外での協業・提携を検討するうえでは、図3の右に記したドイツのフラウンホーファー、オランダのTNO、台湾のITRIといった「海外研究機関」の活用も重要と考えています。

顧客については、大企業だけでなく中小企業、スタートアップ、プロセスとテクノロジーだけを必要としている顧客も支援します。スタートアップは、図1でも説明しましたが、開発段階と産業化のすべてのフェーズで参画が可能な仕組みにします。特に量子関連の分野では、従業員30人ぐらいの規模の会社でも、先端の技術を使って大手が対応できない技術を開発している場合があります。日本の有名なスタートアップとしては、Fixstars、Blueqat、QunaSys、グルーヴノーツといった会社が挙げられます。量子関連のプロセスとテクノロジーを駆使して、実際に顧客の事業改革に貢献しています。

連携拠点（研究機関）は、連携する目的も明確にする必要があります。現状はコラボレーションしながら研究する段階ですが、今後は、連携拠点として情報共有の場になり、シナジーを起こせることを期待しています。

下段のパートナーは、技術支援・市場などのアドバイスをするコンサルタント、資金周りを支援する金融機関やVC、契約関係を支援する弁護士事務所、お客様とのデータ連携環境を構築するSIer（エスアイアー）、関連部品を作るメーカーなどがいます。

図3の中央の「CPSプラットフォームの機能」は、連携拠点が顧客企業と社会実装を進めるうえで必要とされる機能そのものです。企業が先端技術を活用した事業の意思決定を行うには、技術要件だけでなく、事業の組み立て・資金・知財・人材・提携先などの検討や支援が必須となります。連携拠点が企業向けにこうした機能提供ができるように、CPSプラットフォームが様々な専門知識を持つパートナーと協力して連携拠点

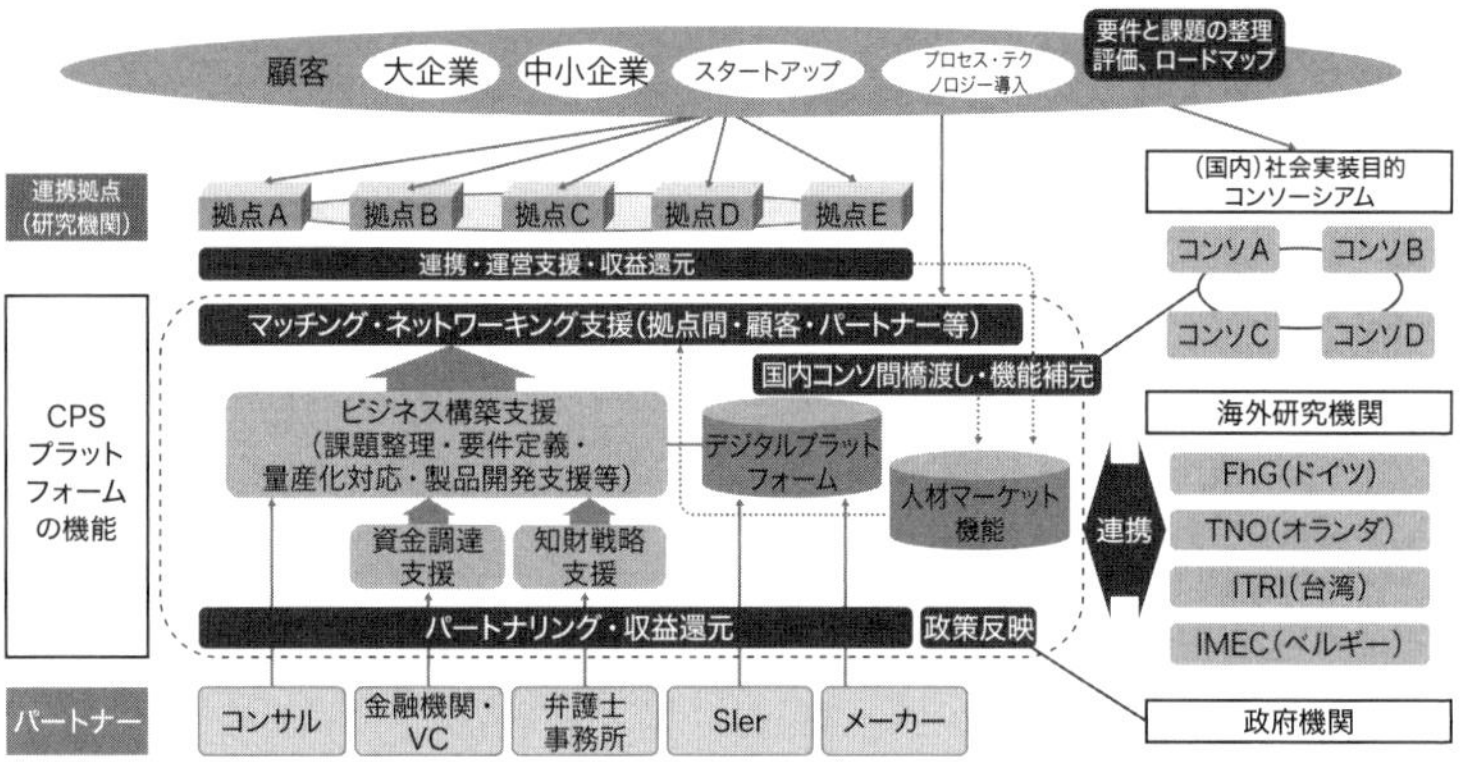

図3　CPSプラットフォーム

を横断的にサポートする役割を担います。また、先端技術を活用したい企業にとっても、適切な連携拠点とつながるためのマッチング・ネットワーキングの機能として役立ちます。

　資金調達が難しい場合、実際に技術を探しているお客様とマッチングし、資金調達を依頼することも想定しています。また、知的財産戦略支援にも取り組みます。CPSプラットフォームで、現状の特許を基に、自社の強み・弱みを明確化したり、必要なパートナーを選定したりする機能も入れています。ビジネス構築の支援にも取り組みます。ダーウィンの海の後半で、企業が求める技術レベルまで商品の価値をブラッシュアップすることを支援します。国内のコンソーシアムや海外研究機関との連携支援も重要な役割になります。

デジタルプラットフォームを使うことにより、人・モノ・カネ・情報を効率よく連携する機能も必要です。海外研究機関のフラウンホーファー、TNOなどは、ビジネスSNSのLinkedInを非常にうまく使っています。関連機関の情報共有、資金の融資状況、さらには人材マーケット機能までもSNS上でやり取りしています。このデジタルプラットフォームは、国内に点在する多くのコンソーシアムとの橋渡しと機能補完にも有効です。

一連の活動が収益還元できるようなエコシステム（どこで出費して、どこから稼ぐか）を設計することも必要です。顧客側が事業化を進める意思決定には、やはり収益と投資のROI算出が必要で、これもCPSプラットフォームの重要な機能の一つと考えられます。

CPSプラットフォームの機能

ここからはCPSプラットフォームの機能全体像を図4で説明します。拠点が開発した技術を社会実装するために、3つのステップに分解しています。最初に【Build《ビルド》】と

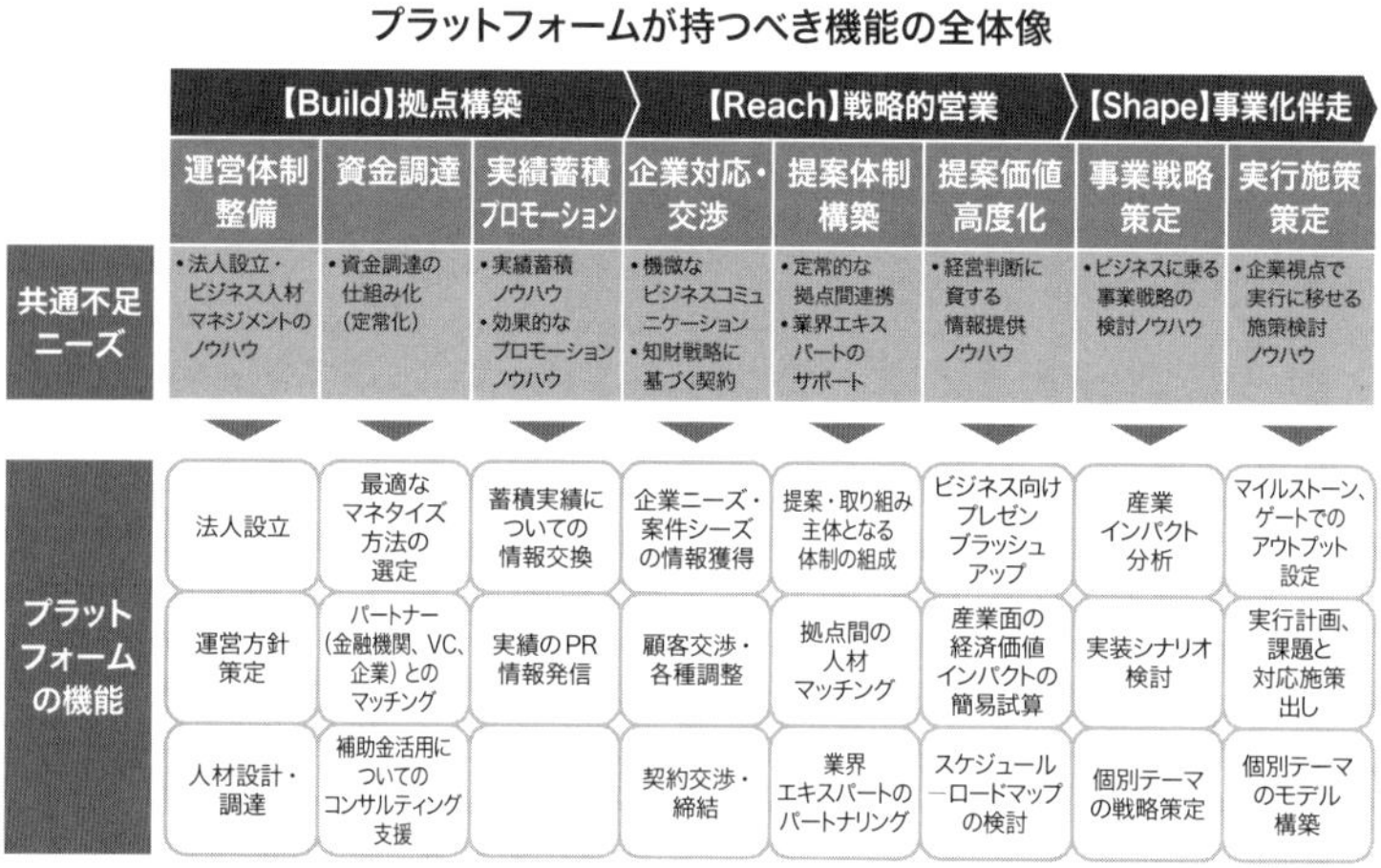

	【Build】拠点構築			【Reach】戦略的営業			【Shape】事業化伴走	
	運営体制整備	資金調達	実績蓄積プロモーション	企業対応・交渉	提案体制構築	提案価値高度化	事業戦略策定	実行施策策定
共通不足ニーズ	・法人設立・ビジネス人材マネジメントのノウハウ	・資金調達の仕組み化（定常化）	・実績蓄積ノウハウ ・効果的なプロモーションノウハウ	・機微なビジネスコミュニケーション ・知財戦略に基づく契約	・定常的な拠点間連携 ・業界エキスパートのサポート	・経営判断に資する情報提供ノウハウ	・ビジネスに乗る事業戦略の検討ノウハウ	・企業視点で実行に移せる施策検討ノウハウ
プラットフォームの機能	法人設立	最適なマネタイズ方法の選定	蓄積実績についての情報交換	企業ニーズ・案件シーズの情報獲得	提案・取り組み主体となる体制の組成	ビジネス向けプレゼンブラッシュアップ	産業インパクト分析	マイルストーン、ゲートでのアウトプット設定
	運営方針策定	パートナー（金融機関、VC、企業）とのマッチング	実績のPR情報発信	顧客交渉・各種調整	拠点間の人材マッチング	産業面の経済価値インパクトの簡易試算	実装シナリオ検討	実行計画、課題と対応施策策定
	人材設計・調達	補助金活用についてのコンサルティング支援		契約交渉・締結	業界エキスパートのパートナリング	スケジュール・ロードマップの検討	個別テーマの戦略策定	個別テーマのモデル構築

図4　CPSプラットフォームの機能全体像（その1）

呼ぶ社会実装活動のベースとなる拠点の立ち上げと運営、次に【Reach《リーチ》】と呼ぶ企業への戦略的で効果的なアプローチ、そして【Shape《シェイプ》】と呼ぶ事業化伴走支援になります。

各ステップで期待する成果は異なっています。【Build】では持続性・発展性の高い拠点の創出、【Reach】では拠点と企業の事業化検討を通じた企業の投資の増加、そして、【Shape】では事業売上の創出・増加を目指しています。そのために、関連拠点の共通ニーズの代表的なものを明確化しています。まず、現在各拠点が最も苦労していて支援が必要なのは、投資を容易にし、生み出した利益を効率よく運営していける法人の設立です。各拠点とも諸事情があり、法人設立はかなりハードルが高くなります。そのような状況でも、強いリーダーシップ

	機能	どのように行うのか・実現ステップ
運営体制整備	法人設立	1.会社登記の専門弁護士に相談 2.適切な法人形態（株式、合同、合名、合資）検討 3.定款準備、体制、登記
	運営方針策定	1.具体的な方針展開、背景、方針、ポリシー、目的、目標、KPI/KGI、組織、大日程を準備 2.関連部門への目標、方針展開を実施 3.PDCAが回る体制構築
	人材設計・調達	1.組織体制図 2.各ポジションのスキルマップ（機能、役割）を明確化 3.雇用形態についての検討・評価制度の設計 4.最適な人材の雇用

表1　各機能と実現ステップ

とビジョンをもって、法人を設立し、半導体デバイス・装置関連ビジネスの事業化に取り組む事例も出てきました。

　図4をもう一度見てください。各拠点共通に不足しているニーズをカバーするために、CPSプラットフォームが担うべき機能を下段に示しています。表1は、「運営体制整備」の機能を具体化して、よりうまく進められるような実現ステップのアイデアを示しました。図4の各機能をこのように標準化して、さらに必要なテンプレート、手順書をつくる機能まで盛り込んでいます。例えば、法人設立に必要な定款の準備ですが、弁護士に相談するにしても自ら運営方針を事前に決めておく必要があります。法人の背景、目的、目標と進捗を把握するためのKGI（重要目標達成指標）／KPIを概

ねでも作っておくと有効です。また人材設計も重要です。各ポジションのスキルマップを作成し、機能と役割を明確化しておきます。それを基に適正人材を雇用・配置し、体制を作っていきます。

ここで図4の中央に示した【Reach】戦略的営業の、「ビジネス向けプレゼンブラッシュアップ」の具体例を紹介します。米国では、スタートアップが成功しやすい事業化を伴走支援する仕組みがあります。米国では、投資家のＶＣ（エンジェル）を見つけるサイトがあり、一人20分程度のプレゼンで、億単位の投資資金をその場で集めることも可能です。しかも、研究者が自身の専門テーマに集中できるように、プレゼン資料を作り、代理でプレゼンをしてもらうことも可能です。さらなる開発拠点の整備や、必要な機能の準備を支援してくれる仕組みがあるのです。

顧客・対象とする技術による戦略パターン

図1で説明したプラットフォームをつくる前提となる戦略は、分類が可能です。ここでは、ＨＷ、アルゴリズム／ＳＷ、量子アニーリングを国内とグローバルに社会実装する場合の必要機能とステークホルダーを考察して、今後必要と思われる戦略を図5を使

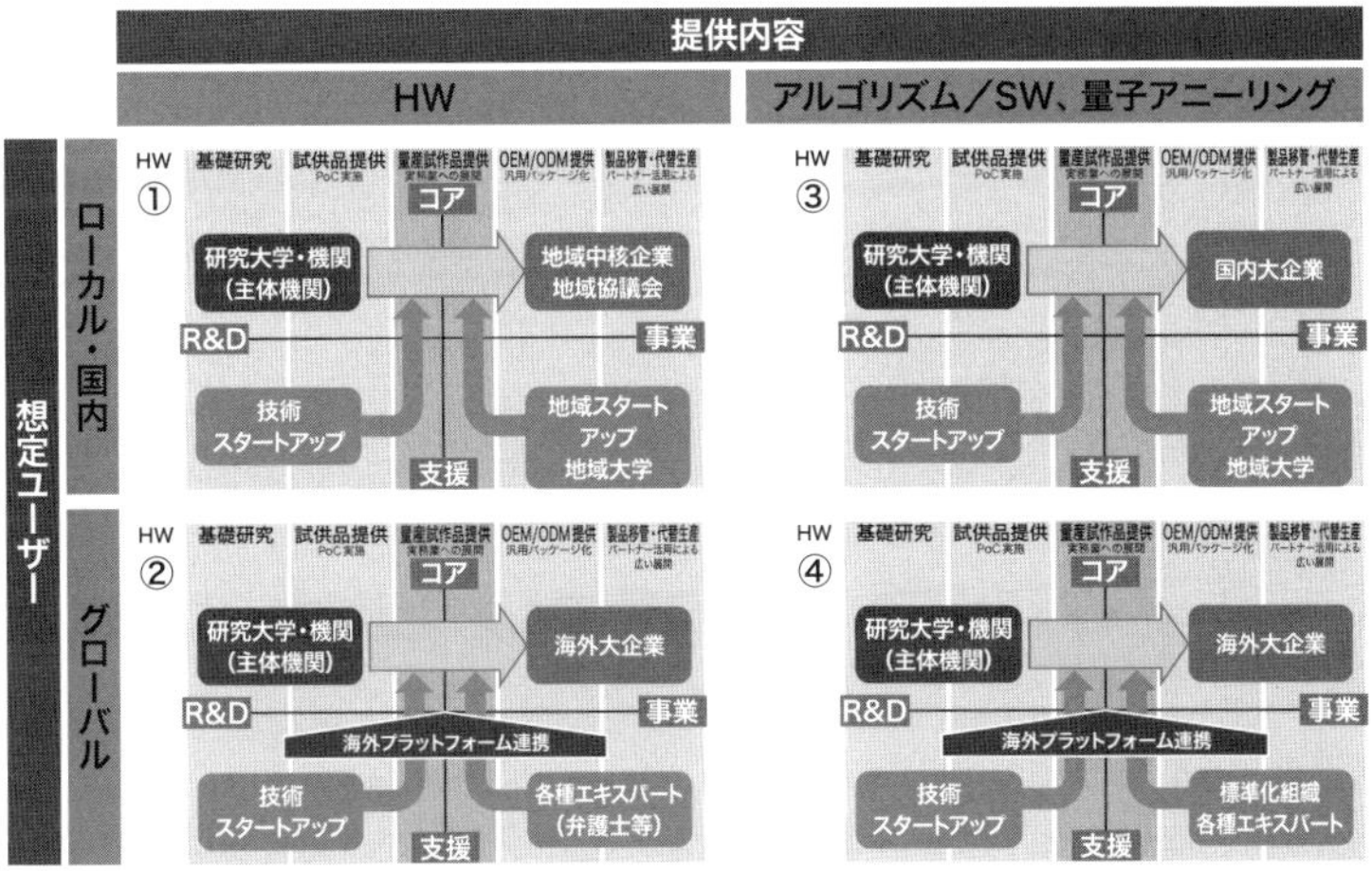

図5　CPSプラットフォームの機能全体像（その2）

って説明します。

①は、HWをローカル・国内で実装する場合です。京都大学の野田教授は、フォトニック結晶レーザー技術を開発。国内の会社でAGV（無人搬送機）などに採用される段階からスタート。[*1] 現在は、②のグローバル戦略にも進んでいて、各種エキスパートと協業しながら、海外の大企業と連携して社会実装を目指しています。さらに海外プラットフォームとの連携が強化されると、実際の製品化に向けた量産化が開始されると予想されます。

また例えば、国内でローカルにアルゴリズム／SWと量子アニーリングを開発する③の戦略は、いろいろなプレイヤーが参画しています。大学・研究機関は、技術スタートアップと共同で研究開発する場合がほとんどです。大学・研究機関がアルゴリズムを考え、イジングモデルを作成し、技術スタートアップの手を借りてカナダのD-Waveなどで動くシミュレータを作成するような進め方をします。最新の技術は短期で開発が進み、かつHWとの連携もあり、SWも含めてすべて自分で開発するのは無理があります。例えば、NVIDIAのGPUというプロセッサーと量子コンピュータを組み合わせ、社会課題の解決にトライする場合、そのテスト環境を準備したり、クラウド上で動くテンソルネットのアルゴリズムを設計、それが動くSWを準備したりするのは技術系のスタートアップです。そのアルゴリズムは、業務内容に詳しいメンバーが、大学・研究機関とコラボレーションしないと難しいと聞きます。事業化を目指す場合でも、やはり各地域におけるスタートアップと地域大学が支援しています。そして、④のようにグローバルに展開する場合には、やはり海外プラットフォームを使ったデータ連携を行うことで、グローバルな課題解決が可能になります。

日本ではまだ、産業化にトライしているケースが少ないのですが、現在欧米企業はこれらの戦略をさらに深く活用し、社会実装に向けたトライアルを開始しています。例えばBMW-AWSチームは車両構成のカスタマイズをテーマに、ユースケースのコンテスト[*2]を実施して、生産前の車両の材料構成、生産中の材料変形、車両センサーの配置、自動品質評価など量子シミュレータを使ったトライアルといった深い領域での実装を目指しています。

グローバル企業のアウトカム表現例

他のケースも見てみましょう。

トヨタシステムズと富士通は、サプライチェーン・ロジスティクスの最適化のトライアルを実施しています。[*3] このトライアルは、図5の④に相当します。R&D段階において、自動車部品の複雑な流通とサプライチェーンを最適化するために共同試験を主体になって実施しています。これは数百ものサプライヤーからの部品配送を目的として300万の潜在的なルートの最適化問題に適用したものです。富士通のデジタルアニーラーを活用して、トヨタシステムズはわずか30分でロジスティクスコストを2～5％削減できる可能性検証を実施しています。システム領域だけで効果を見積もると〝ロジスティクスコストを2～5％削減できる〟ということになるのですが、実際にビジネス全体で見積もると効果の認識はまったく違ってきます。

サプライチェーンの最適化による効果を見積もった事例を示す図6を見てください。経営計画に基づいた生産計画は、ERP(Enterprise resource planning) というシステムを使って作成されます。それを実行に移し、日々生産シフトごとの生産計画に展開。現場でSCADA(Supervisory control and data acquisition)といったシステムで現状進捗をモニタリングしながら、生産計画を最適化していきます。実際の生産現場では、生産計画がいい加減だと、生産部品の欠品が発生して、材料の鉄が海外の鉱山での採掘が間に合わず製鉄メーカーが車体のパネル材料を生産できないなど、グローバル全体で設備とライン停止や人員の非稼働が発生します。自動車の先進工場では生産ラインを10分止めるだけでも販売計画に影響を及ぼすので、現状を反映した緻密な生産計画を作成します。〝ロジスティクスコストを2~5%削減できる〟は、ビジネス全体で発生する効果としては、XXX億円（原価構成で変わるのでこのような表現で）といった巨大な効果となり、産業界のシニアマネジメントが投資判断に使う重要な数値になります。現状のビジネスモデルにおける量子コンピューティングの効果を見積もるためには、産業界が要望する形にして算出する必要があるのではないでしょうか。

さらにサプライチェーンは製品開発チェーンと連携しており、市場の売れ筋製品の情報などを基に製品開発段階にまで影響を及ぼします。CPSプラットフォームの機能である【Reach】の中で示した〝産業面の経済価値インパクトの簡易試算〟を使って、産業界の要望する効果見積もりを実施し、量子コンピューティング領域の効果を見積もることで、産業化を加速する鍵になると思われます。

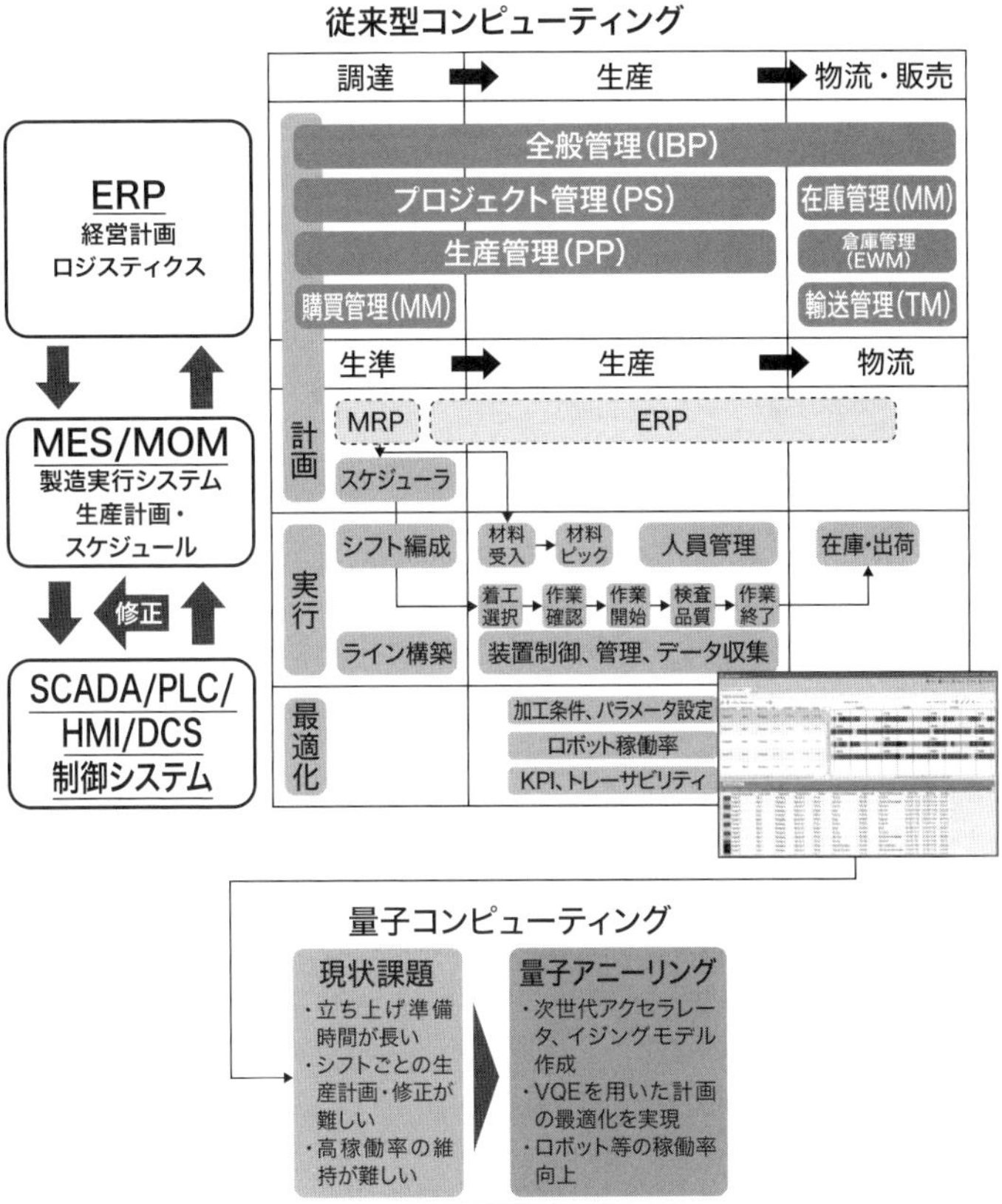

	従来	産業界の要望
効果	ロジスティクスコスト 2～5%削減	月当-XXX億円 50%削減
スコープ	システム削減のみで算出	業務全体とシステムの同時改革から算出

図6　従来コンピューティングと比較した効果の見積もり

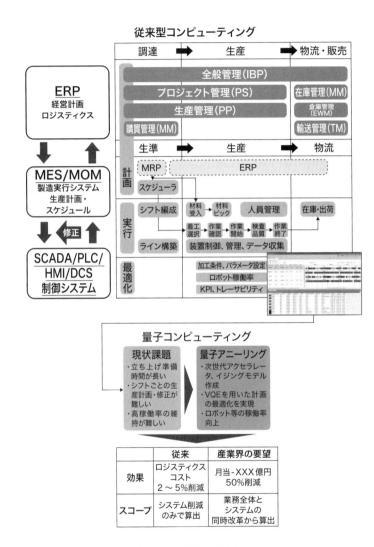

欧米企業が適用しているエコシステム

図7を見てください。

ドイツの製造業のエコシステムを示しています。社会実装する場合に、エコシステムがうまく設計されていないと、投資判断が難しくなります。売上2000億円程度の中堅企業でも、フラウンホーファーの支援で、自動車業界が使うような大規模PLMプラットフォームを導入して、従来と異なるビジネスモデルを構築しています。図7の横軸は製品のライフサイクル全体を示しています。上段はモノを開発・製造・販売した後にサービス・メンテナンスを行うプロセスを表しています。モノの流れは、右向きの実線矢印「→」で示しました。材料ベンダーや関連サプライヤーは、メーカーに製品を納入します。メーカーはプラットフォームが供給してくれるCADなどのツールを使って製品を開発します。CADは高価なツールで数百億といった投資が必要になりますが、この図7のケースでは、自社で保有せずにリースに近い形態で利用しています。こうすることにより、絶えず最新のCADを使えることになり、製品の競争力を維持できます。サプライチェーン上では、さらにダイナミックなビジネスモデルが展開されています。

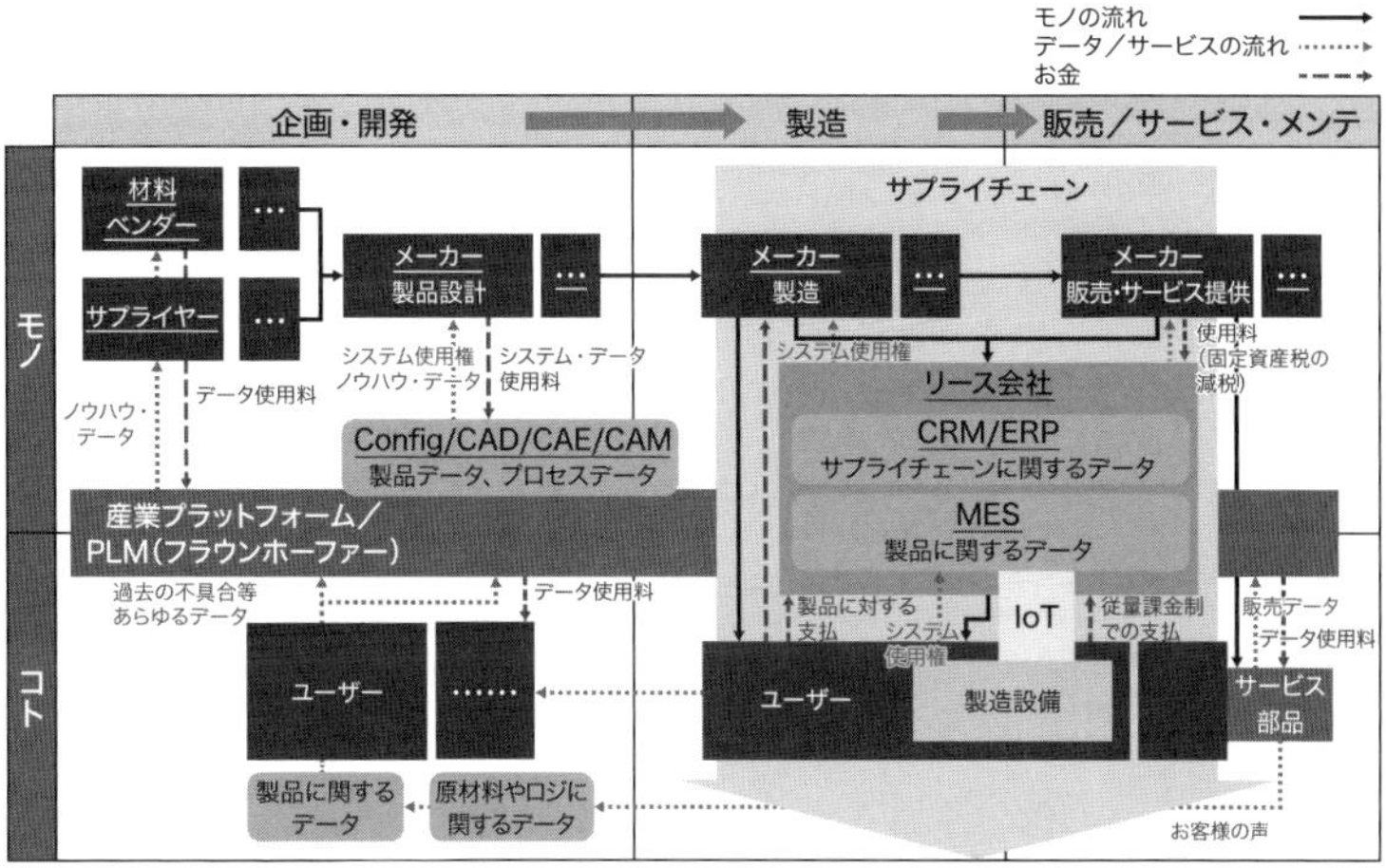

図7　産業プラットフォームを用いたエコシステム

メーカーは直接ユーザーに製品を納入し、お金をいただく場合もあれば、リース会社を介して、関連会社が全体で使える共通のCRM／ERP（Customer Relationship Management / Enterprise Resource Planning）とMES（Manufacturing Execution System）システムを使ってビジネスを進めることもあります。大きな投資をする必要がなくサプライチェーンに加入できているということです。下段は社内のノウハウ提供や支援を行うコト売りです。近年、コト売りというコンセプトでビジネスが展開されていますが、プラットフォームなしではグローバルにコト売りは実現できません。例えば、ユーザーが製造設備の稼働データをIoTでデータ入手。ユーザーに設備稼働を向上させるノウハウを提供することによるビジネスも存在します。この場合は従量課金制の支払いでお金を得ています。さらに、サービス・メンテナンスでのコト売りは、サービス部品の不具合情報をお客様の声としてリアルタイムに入手。次の製品開発にフィードバックするサービスビジネスでお金を得て、その代わりにデータ使用の代金を支払っています。このように、プラットフォームを介したエコシステムをデザインすることにより、リーズナブルなコトの値段を決めることも可能です。お金が関連プレイヤーを前提にして、循環するようにデザインされているのです。

日本の同業界の会社のビジネスモデルと比較した結果をご紹介します。製品も売り上げ規模もほぼ同じなのですが、日本の会社は残念ながら世代遅れのCADシステムを使用していました。また、共通のプラットフォームもないことから、プロジェクトと業務管理に人をかける必要があり、管理コストが高く、低い利益しか出せていませんでした。会社個別で、CADとプラットフォーム導入も検討されましたが、ROIが達成できず、投資はあきらめていた状況でした。

今後の進め方とCPSプラットフォームの役割

光・量子技術の産業化を加速するには、学術界と産業界をつなぐ役割が重要だという

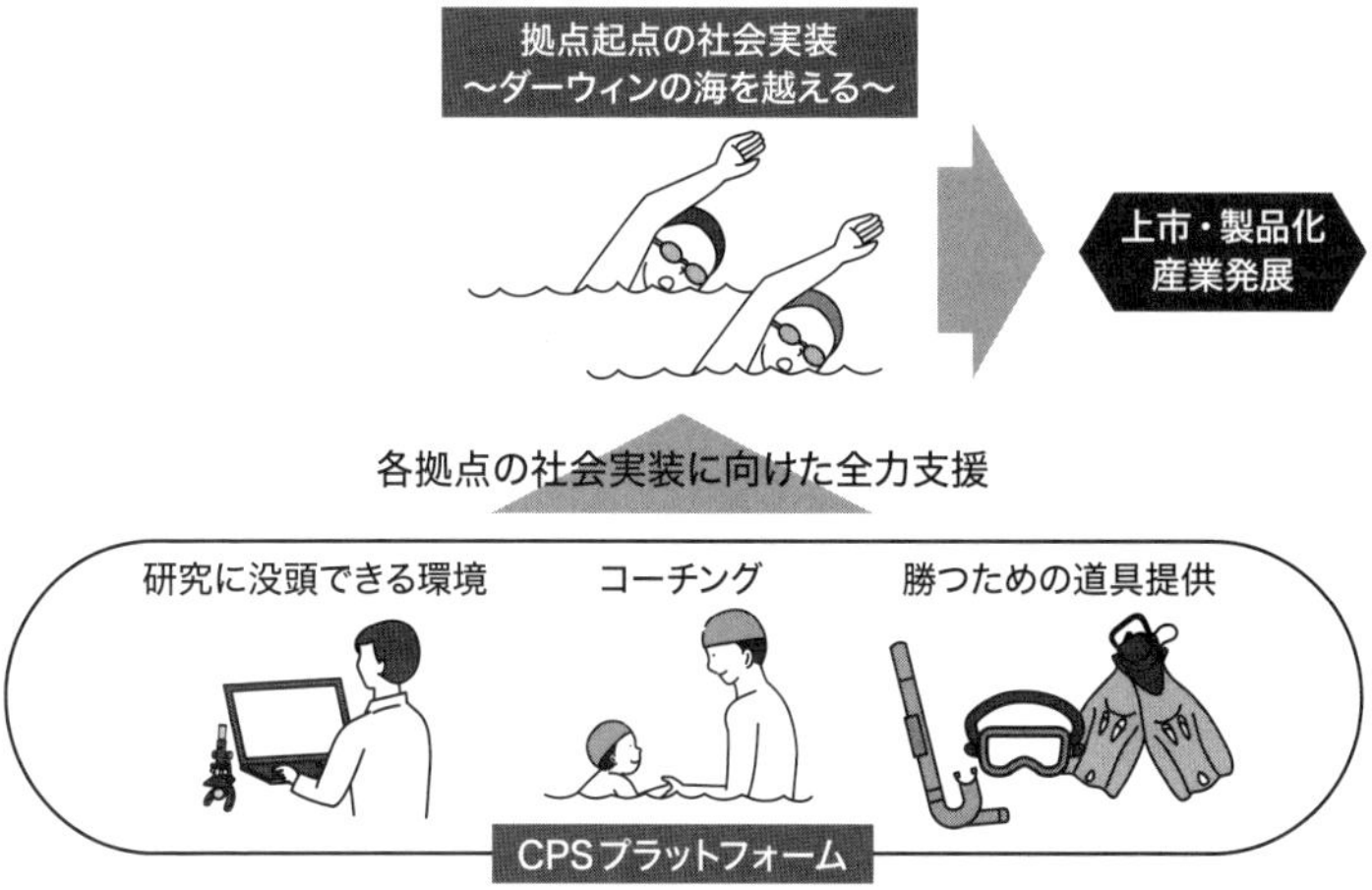

図8　CPSプラットフォームの役割

ことは、だれもが認めるところです。しかし、これまではそうした役割を大学や研究機関にある意味押し付けてきたのかもしれません。研究者として研究成果を出すことと、産業化のために必要な活動には、異なる知識や経験が求められます。学術界と産業界が何を求めているかを理解し、そのための必要な情報を集め、説明のロジックを組み立て、双方のコミュニケーションと意思決定を支援する役割は、独立したミッションとして取り組んでいくべきものではないでしょうか。

光・量子技術の産業化にあたっては、図8に示すように、サイバーとフィジカルの世界、そして学術界と産業界をつなぐ連携の場として「CPSプラットフォーム」の構築が必要だと考えます。実際の構築と持続的な運営には、特に人材面、資金面において、関係する大学、企業との間に互いにメリットのある「エコシステム」が成立していることが重要です。それによってはじめて、研究者は本来の研究に集中し、企業は重要な意思決定を行うことが可能になるのではないでしょうか。

企業価値と競争力を高める拠点活用

ここまでご紹介したように、SIP光・量子の成果を活用して新たな事業・産業の創出を促進するため、各拠点が構築されつつあります。そしてCPSプラットフォームは、拠点が企業に対して提供すべき機能のうち、拠点では対応が難しい機能を補う役割を担います。このとき、各拠点はそれぞれ母体となる組織の得意な分野や役割に違いがあるため、CPSプラットフォームは拠点ごとに追加機能の中身を変えるなどきめ細かい対応が求められます。重要なことは、各拠点とCPSプラットフォームが連携して、企業が必要なものを円滑に入手できる体制をいかにタイミング良くつくることができるかということです。

ちなみに、海外に存在するお手本としてドイツのフラウンホーファー、オランダの

ＴＮＯ、台湾のＩＴＲＩなどの機関が挙げられますが、これらはそれぞれの国の公共的な財産として構築された経緯があります。日本において、どのような形態がベストなのかについては議論の余地がありますが、必要な各種機能の提供者がそれぞれWin-Winで結ばれ、お客様である企業に信頼されるサービスを提供できることが不可欠です。

そういう意味で、ＳＩＰ光・量子の拠点は、社会的な信頼度が高く、かつ学会活動など日常的に相互連携できる大学を中心に構成されています。企業が求めるサービスを提供する民間事業者をうまく接続することができれば、日本流の拠点整備が可能になると考えられます。

実際、企業が求める高度技術の事業化をサポートするサービスの多くは、品質の高いものを国内の事業者から提供可能なのです。これまでできていなかったのは、日本特有の業界ごとのタコツボ的な社会構造が背景にあります。海外のお手本に共通するのは、学術界と産業界の間にエコシステムが形成されているということなのです。

今回のＳＩＰ光・量子技術の社会実装推進は、いわば社会的なチャレンジだといえます。ＣＰＳプラットフォームとそれによって強化された拠点の整備が進むことで、日本の企業がこれを活用して、投資旺盛な市場をターゲットとした新規事業創出とイノベーションへの意欲が再び高まると期待しています。さらに、このプラットフォームを活用して海外の拠点や企業の活用も容易になります。グローバルなエコシステムに日本企業の多くが加わることで、日本の国際競争力の強化につながると確信しています。

参考資料

＊1 「究極のレーザー光源の開発を目指して」、『月刊ＯＰＴＲＯＮＩＣＳ』、２０２１／９月号、Ｐ93

＊2 車両構成のカスタマイズ、ＢＭＷ‐ＡＷＳチーム、２０２１／12／９
https://aws.amazon.com/jp/blogs/quantum-computing/winners-announced-in-the-bmw-group-quantum-computing-challenge/

＊3 サプライチェーン・ロジスティクスの最適化、トヨタシステムズ・富士通、２０２０／９／10
https://www.fujitsu.com/global/about/resources/news/press-releases/2020/0910-02.html

第４章執筆者

三菱ＵＦＪリサーチ＆コンサルティング
田中孝史、梅木秀雄、渡邉睦、米谷真人
金銅芽里（企画・編集）

第5章

関係者座談会
SIPを成功に導くための新たなマネジメント手法について

研究・開発された技術を社会実装することを大きな目的とするSIPでは、プロジェクトマネジメントにも相当な工夫が求められる。SIP「光・量子を活用したSociety 5.0実現化技術」プロジェクトではどのようなマネジメント活動が行われたのか、当事者たちが大いに語った（2022年7月6日開催）。

座談会参加者

内閣府 科学技術・イノベーション推進事務局
宮松利行 上席産業政策調査員

文部科学省 研究振興局 基礎・基盤研究課
迫田健吉 量子研究推進室長
瀬戸勇紀 量子研究推進室

SIP『光・量子を活用したSociety 5.0実現化技術』
西田直人 プログラムディレクター（PD）
安井公治 サブプログラムディレクター（サブPD）
佐々木雅英 サブプログラムディレクター（サブPD）

（国研）量子科学技術研究開発機構（QST）
イノベーションセンター SIP推進室
岡村康行 室長 工学博士
浅井博紀 工学博士
長田ひとみ
黒宮大雅
桑島健
川嶋美乃里
水牧美智子

三菱UFJリサーチ&コンサルティング株式会社
尾木蔵人（監修者）

尾木　戦略的イノベーション創造プログラムＳＩＰ第2期　全12課題の中で、本「光・量子を活用したSociety 5.0 実現化技術」課題は、３年連続トップ評価を得ているとお聞きしています。これは、本テーマのイノベーションに取り組む各研究推進者の皆さんの卓越した成果が評価されてきた結果だと思います。一方、その背景には、マネジメント活動の貢献も大きいのではないでしょうか。

この取り組みは、第3期のＳＩＰや、同様の国プロ、場合によっては企業や大学内でのプロジェクトマネジメントの参考にもなるのではないかと思います。

そこで、本日は、マネジメント当事者の本座談会を開催して、秘訣と言いますか、秘密を探ることとしたいと思います。司会は、定例会の参加者の一人、安井さんにお願いします。途中、監修者の私尾木が、一般の読者の方から見た視点で適宜参加させていただくこととしたいと思います。それでは安井さんよろしくお願いします。

光・量子プログラム運営における プログラムディレクター（PD）の3点の工夫とは

安井　まず、企業での現場からトップレベルまでのマネジメント経験を背景に、今回参加された西田プログラムディレクターから見て、本SIPプログラム（光・量子プログラム）の運営について、これまでの4年間を振り返ってどう思われますか。

西田　私は総合電機メーカーにレーザーの研究開発者として入社し、その後20年を経て部門レベルのマネジメントを担う立場になりました。最後には全社の技術を統括する立場になりましたが、それまでに、事業部門の経営監査等様々な経験を積ませていただきました。これらの経験を通じて、私なりのマネジメントスタイルが確立されてきたと思っています。

大きな目標を達成するためにはメンバーのベクトルを合わせて組織を強化することが大切になります。光・量子プログラムの運営においては、4つのポイントを心がけてきました。

1つ目は、「常に新しいことにチャレンジすること」。

2つ目は「ポジティブシンキング」。

3つ目は「人の話をよく聞くこと」。なかなかこれは難しく、意識していないと、自分の聞きたいふうにしか聞かないということもよくありました。

そして、4つ目は「異なる分野の人が交流する場を設定すること」です。

ここで挙げた4つの心がけをバックグラウンドとして、光・量子プログラムにおける運営上の工夫を3点述べさせていただきます。

1点目は、課題内のコミュニケーションを良くすることです。このためにPDである私、サブPD、所管省庁、QSTが参加するPDの定例会を原則毎週1回、1時間程度実施しました。また、各研究責任者と1か月から2か月に1回、研究内容を議論する場を持つことや、年に2回ほど各研究開発現場を訪問して実際に研究開発を担当している方々と直接話をすることなどを行ってきました。これらによって光・量子プログラムでは、誰でも言いたいこと

安井公治氏

が言える風通しの良い雰囲気ができてきたのではないかと考えています。

特に、PD定例会において は、安井サブPDに多くの提案をしていただき、メンバー間で新しい施策の提案について大いに議論を行い、速やかに実行レベルに結びつけることができました。またメンバー間の意識と情報の共有は、年に1回の予算配分の透明化に大きな効果があったと感じています。

2点目は、SIPプログラム上位にいる課題評価委員等の方々にプログラムの内容をご理解いただくことです。通常、内閣府が設定する公式のプログラムは、内容が非常に多く、時間に制約があるため質問が省略されたり、質問への回答が満足でないと感じられたりする場合がありました。

そのような場合には、後日、内閣府を通じて積極的な働きかけを行い、場合によっては別途お時間をいただいて、説明する場を設定しました。これにより、これらの方々のプログラムへの懸念が緩和されることもあったのではないかと感じています。

西田直人氏

3点目は、研究開発について、課題内でテーマ連携を行うことでした。個々の研究開発の推進は、2人のサブPDを全面的に信頼しお任せしました。お二人ともたいへん優れたリーダーシップを発揮されて、それに応えた研究推進責任者やメンバーの頑張りでたいへん大きな成果を前倒しで実現できました。そのうえで私がPDとしてこだわったことは、当初から最終目標として掲げていた、課題内のテーマ連携によってCPS型製造を実現することでした。

プログラムをスタートして、1~2年目は、一部の有識者から「それぞれのテーマで成果を出すことが重要で、無理にテーマ連携を行う必要はないのではないか」というご意見もありました。しかし、光・量子プログラムとして最も重要な目標としてこの認識は変わらず、プログラム内で粘り強く取り組みを継続しました。これについても2人のサブPD、QST、特に岡村室長に、プログラム内の関連メンバーに積極的な働きかけを行っていただいた結果、非常に大きな成果を上げることができました。

安井　私も西田さんと同じように企業サイドから参加していますので、企業の感覚で説明を申し上げますと、毎週必要なマネジメントは、企業でいうと「課」レベルであると考えました。したがって、最低でも毎月、できれば毎週のミーティングが必要であると思いました。

一方、最終的に出すべきアウトプットは、企業でいう「役員」レベルでもありますので、定例会内で、企業の「課」から「役員」レベルまでを一気通貫にマネジメントすることが必要でした。

そういう意味では、国の研究機関でのマネジメントに関わってこられた佐々木さんからは、どのように見えましたでしょうか。

佐々木　私は研究者ですので、無意識のうちに技術ありき、ボトムアップで考える習慣が身についています。SIPは社会実装が第一の目的でしたので、正直なところ、「社会実装とは何か」というところから入った経緯があります。西田PDの人を引き付ける謙虚なリーダーシップと、安井サブPDの事業を統括する、経営視点からチームをぐいぐい引っ張っていくリーダーシップの中で、もまれながらマインドセットを変えて、必死に毎週水曜日の定例会についていきました。

光・量子プログラムに参画して一番よかったと思うのは、水曜日の定例会で、そういった姿勢を学ぶことができたことです。私は、自分自身のマインドセットを変えながら、自分の言葉で、チームにこの姿勢を伝えてきました。チームの皆さんのマインドセットを変えていくことになるので、当初はもちろん反発もありました。ところが、3年目を

佐々木雅英氏

過ぎるあたりから、少なくとも西田PD、安井サブPD、私、QSTの主要関係者とはベクトルがそろってブレなくなりました。4年目からは課題間連携の形を採ってきましたので、各研究チームも自信を持ってきました。気が付いてみれば、他のチームや他国も追随できないような、分野間連携ができていると思っています。

政府による「量子未来社会ビジョン」の発表とショーケースとしての光・量子プログラムの取り組み

安井　ありがとうございます。そういう意味では、数々のプログラムを管理されている文科省から見てはどうでしょうか？

今回は、QSTという、通常は研究開発を行っている法人に、プログラムの研究推進法人業務を担当いただくという新しい試みが行われました。これも光・量子プログラムのマネジメントの特長の一つであると思います。特に、最初の立ち上げ時から3年間は、QSTサイドも手探りの状態が続く中、かなり密に運営に参加いただき、通常の国プロに比べてご苦労をおかけしてきたと思います。

迫田　SIP第2期において、光・量子分野はかなり高い評価を得ています。文部科学省の中でも他分野の人たちがうらやましがるくらい評価が高いため、評価が高い理由やノウハウを教えてほしいという声はよくあります。

今日お聞きした成功要因としては、経営体、経営組織として、プログラムをマネジメントされたところが大きいのではないかと思っています。

国プロといいますと、研究者の方がマネジメントするケースも多いので、どちらかというとコスト意識や社会実装というところが弱くなりがちです。しかし、光・量子プログラムにおいては、トップが企業の経営層出身というところが、一つの大きな成功要因となったのでは、と思っております。

QSTに関しましては、QST自体が2016年4月に発足した新しい組織なので、こういったファンディングエージェンシー（研究推進法人）として機能をするのが初めてということで、かなり苦労されたのでは、と思っています。

一方で、QSTに期待されていることは、大きく2つあると思っています。1つは、組織が掲げる分野の研究開発を推進すること、2つ目は、その分野全体を産学連携して

迫田健吉氏

盛り上げていくことです。

特に、産業界を盛り上げていくということは、QSTのQである、量子（Quantum）という冠をつけている法人の役割であると思っています。そういった意味においては、SIPの取り組みを通して2つ目の役割を大きく果たしていただけたと考えます。

今政府では、「量子技術の社会実装をどうしていくか」というところを重点的に議論しています。この4月にも『量子未来社会ビジョン』という大きな政策が発表されました。目標は、量子技術を社会実装して産業化すること、そしてGDP成長につなげていくことです。そういった意味では、第2期の量子分野の取り組みは、大きなショーケースとして示すことができたのではないか、と思っています。

研究推進法人業務を初めて行ったQST・SIP推進室の創意工夫

安井　QSTサイドは、今のお話を聞いて、安心したのではないでしょうか。

とはいえ、今回のSIPの研究推進法人として運営していくにあたっては、かなりご苦労されたのではないかと思います。大学のトップマネジメントのご経験を持つ岡村さんにとって、今回の研究推進法人の立ち上げは、いかがでしたでしょうか。

岡村　ご指摘いただいたとおり、QSTにとって研究推進法人業務は初めての経験でした。当初は、どのような方向性で進めたらよいかがわからず、まったくゼロからの出発でした。私自身、大学では部局や本部で管理・運営の責任ある立場でしたが、国プロの管理の経験はまったくなく、たいへん苦労をしました。また、業務が多岐にわたっていたため、私は、今回の業務を担うSIP推進室を「課」ではなく、小さな「部」といった認識をもっていました。「課」は1つのことをすると思いますが、SIP推進室は多岐にわたる業務を行っていたことから、そのように感じていました。

私は、今回の一番大きな成功要因は、スタッフに恵まれたことだと思います。私を含めて10名で業務を行っていることから、それなりに大変でした。各々がそれぞれの業務をこなすだけではなく、横を見ながら、相互に助け合ったことが、最高のチームたりえた要因だったと思います。

コロナ禍でリモートワークが推奨された際も、世の中においては、リモートワークへの移行に苦労されたケースもお聞きしていますが、我々はすぐに移行できたことが、良かったと思います。

SIP推進室では、毎朝定例会を行っており、毎朝、モニターを通して皆さんと顔を合わせながら、今日はどのような日だったかということを、表情から見ていました。そういった意味においては、リモートワークで一番の問題となるコミュニケーション面の不安は、しっかり解決できていました。
　また、私は大学におりましたので企業のマネジメントを知らなかったこともあり、いろいろな話を聞きながら、「まずやってみる」ことを実践していました。

安井　SIP推進室で、毎朝定例会をしていたことを、初めて聞きました。会社の工場レベルですね。新しい研究推進法人の立ち上げという意味では、QSTメンバーの苦労も多かったと思います。
　定例会にほぼ欠席なく参加いただいてきているQSTメンバーの皆様からも一言いただきたいと思います。中でも、文部科学省での経験もある川嶋さんは、一番悩まれたのではないかと思います。いかがでしょうか。

川嶋　本SIPでは非常に新しい取り組みが求められました。そのため、採択時の計画に沿って研究開発を行い、技術成果を出して終わり、というわけではなく、採択後も様々な社会情勢を受けて変化を求められたり、生み出した成果を社会実装させるために、研究者にマーケティング営業が求められたりすることもありました。PD、サブPDから、こうした活動をサポートするために、あの手、この手の新しい取り組みが提案され、誘導されることがSIP光・量子事業では多々あり、その取り組みに、

岡村康行氏

研究推進法人としてついていくことが非常に大変でした。これは、参画機関の皆様も、同様であったと思います。

一方で個人的には、SIPを担当すると決まってから、杓子定規の対応をしないようにしようと決めて、本業務に取り組んできました。そして、できるだけPD、サブPD、参画機関の要望を取り入れるよう努めました。

こういった中でたいへんありがたかったのは、コミュニケーションをうまくとる文化があったことです。PD、サブPD、内閣府、文科省の方々は、このようなことも相談してよいのかということまで、ざっくばらんで、相談しやすい雰囲気を、初めから今に至るまでずっと保っていただけました。加えて、参画機関の方々も、前広に検討中のことまで、QSTに情報共有していただけました。

安井　今回の新しい取り組みとしては、プロフェッショナル人材の採用というのもあるかと思います。

広報のプロとして参加され、この書籍の出版に対しても尽力されている水牧さんはどうでしょうか。

水牧　SIP光・量子プログラムの情報発信を担当していますが、個人的にこれまで経験してきた企業や自治体の広報とは異なる新しいチャレンジとなりました。

先ほどからキーワードとして挙がっている、チームワークやコミュニケーションは非常によく機能していると思います。その結果、良い情報を発信でき、SIPプログラムとして初の取り組みとなる今回のビジネス書の出版につながったと思います。

光・量子課題は、産業界ではまだ広く知られていないというところがあります。この本をきっかけに、研究成果が企業の関係者の方々に広く伝わり、社会実装がよりいっそう加速してほしいと思っています。

安井　浅井さんは企業マネジメントの経験があり、プロジェクトの中での調整役として苦労されたと思います。いかがでしょうか。

浅井　このプロジェクトに参加させていただいて約4年が経ちました。初めて研究開発計画書を手に取ったときには、タイトルの「光・量子を活用したSociety 5.0実現化技術」とはなんだというところから入って、理解するのに苦労しました。また、レーザー加工、光・量子通信、光電子情報処理の各課題が取り組む内容はわかりましたが、課題内連携をどう進めるのかについてイメージがつかめませんでした。

今の研究開発計画書は、その当時から基本は変わっていませんが、現在の社会を予見したような、本質を突く内容がそこかしこにちりばめられていたことが、読むとよくわかります。PD、サブPDのマネジメントを傍らで拝見していると、現在の成果は、社会状況の分析力やそれをもとにした社会実装への構想力、研究責任者の方を巻き込む行動力、未来を描いてバックキャストをするマネジメント力によってもたらされたと感じています。

一方、研究者の方々がこのＳＩＰで世界最高水準の研究成果を前倒しで次々と出し続けている裏側では、研究現場に負荷はかかっており、つぶやきといいますか悩みがＳＩＰ推進室には入ってきます。そうした声も「ＰＤ、サブＰＤの耳に入れるべきか」、「我々で解決できるようなことか」と室内で話し合うこともありますが、こうした風通しの良さは、プログラムを陰で支えることがうまくできている一つの理由かとも思っております。

安井　ありがとうございます。それでは、ＱＳＴの残りの3名の方々から定例会準備段階でのご苦労話や裏話をご披露いただきたいと思います。

黒宮　本プロジェクト管理は、定例会が毎週行われています。そこにＰＤ、サブＰＤも参加し、それによって意思決定までがたいへん早いということが、この課題の特徴と思います。私たち研究推進法人が、研究機関の方々にお尻を叩かれて、ねじを巻かれるという大変さもありますが、この絶妙なマネジメントがこれまでの成果につながっているすと感じます。

事務局としての話になりますが、新型コロナウイルスの感染拡大によって、それまでの定例会もオンライン開催に代わりました。移行後も、業務に支障はありませんでした。当初は、通信の問題でなかなか会話がうまくつながらないですとか、その場合は、会議としてうまく進行しないということがありました。
しかし、最近はそういったこともなくなり、スムーズに意見交換や意思決定の判断がなされていると思います。やはり通信回線を良好に保つことが重要で、これが皆さんの意見を吸い上げるために必須のツールといえるのではないでしょうか。

安井　ありがとうございます。桑島さんお願いします。

桑島　私はありがたいことに、SIPが始まる2～3か月前から、準備期間も含めて業務に携わらせていただいておりました。研究推進法人の立場から、知財に関するフレームワーク、仕組みづくりや問い合わせ対応をしておりました。
具体的には、フレームワークづくりとして、まず、全参画機関の皆様にお伺いをして知財部会に関する説明と設立のお願い、問い合わせ対応に関するコミュニケーションのお願いを説明しました。
また、先ほど西田さんから課題内のテーマ連携のご説明がありましたが、本光・量子プログラム活動初期に研究課題間での情報共有や闊達な議論がしやすい環境を構築すべく各研究課題に参画された機関の皆様にご説明のうえ、全参画機関間でNDAを締結いただき、研究課題を跨るシナジー効果が得られるよう工夫しました。

安井　長田さんはいかがでしょう。

長田　私はこのメンバーの中で、最後に参画させていただいて2年目からこちらの課でお仕事をさせていただくことになりました。私は受託する立場の部署にいたことはあるのですが、管理をするような業務に携わったことはなく、ほとんど無の状態からのスタートでした。

初めての仕事がほとんどでしたので、1年目はあっという間に過ぎてしまい、その間に会計検査に当たったり、金額の確定があったりと、初年度はいろいろなことがありました。一番自分の中で心に残っているのは、光情報処理の公募説明会があり、公募説明会のときに、未経験の事務処理説明をやらなくてはならなくなり、とても焦った記憶があります。しかし、それをやったことによって今までしたことのない経験をさせていただき、勉強になりました。これからも金額の確定等、業務が残っておりますので滞りなく進めたいと思っております。

参加者が一丸となって課題に取り組める マネジメントの実践が成果に表れる

安井　ありがとうございます。これまでの定例会メンバーのマネジメント関係の発言を聞いてきまして、資金提供元の内閣府からお目付け役的な役割も含めて参加されてきた宮松さんから見て、いかがでしたでしょうか。

宮松　まずは3年連続№1の成績を収めていただいたということで、プロジェクト関係者の皆様のご尽力に感謝します。PD、サブPD含め、参加者の皆さんが一丸となって課題と取り組むことができるマネジメントを実現できているということが、この成果の表れなのではないかと思っています。

特に、内閣府へ報告をしていただく機会や、課題の評価ワーキングにおいて、いろいろとご説明をしていただいた際には、その中の限られた時間でのご報告、ご説明のため、委員の方々の中から、不明点が残っているようなコメントをいただくこともございました。

そういう会が終わった後には、研究推進法人の皆さんと、十分なすり合わせを行い、委員の方々に別途、PDやサブPD、研究責任者等からご説明の機会を設けるというような動きも取ってきました。

そうした動きをとることで、委員の方々に、より理解を深めていただいたり、良いアドバイスをいただいたりする機会になったのではないかと思います。また、内閣府内では、SIP全体を取りまとめて

宮松利行氏

いるグループと密にやり取りをして情報交換することを心掛けました。そうすることによって、内閣府の取りまとめグループや、プログラム統括が求めている報告項目の内容をよく理解し、どのようなところを気にしなければならないかがわかる良い機会につながっていたのではないかと思っています。

コミュニケーションに関して、最初に毎週ミーティングをするということを聞いたときは、単なる進捗報告や状況報告というようなお決まりのミーティングに陥ってしまうのではと思っていました。しかし、皆さんの意識の高さから、毎回毎回、課題がでてきて、それについて皆さんでディスカッションして方向性を決めていき、速やかに活動につなげていくということができていたと思います。PD、サブPD含めて皆さんが高い意識を持っているが故と敬服いたしました。さらに毎週行うことで、単なるお堅い会議ではなく、関係性を深めるような雑談も含めた交流ができていたことがよかったと思っております。

時には、楽しくワイワイだけではなく、厳しい発言も当然ありまして、そういった発言を皆さんが真摯に受け止めて、活動されてきたことがすばらしいことであると思いました。まだ終わっていないですけれども、いい評価を得て最終年度を迎えておりますので、ぜひしっかりとまとめて、良い成果に結び付けていただきたいと思っています。

プログラムの最終目標は社会実装展開の企業投資を引き出すこと

安井　定例会の各メンバーからいろいろな視点で発言いただけたことにより、定例会の雰囲気、必要なマネジメントのイメージが伝わったのではないかと思います。少し内輪の同窓会的な雰囲気にもなってしまったため、ここから視点を未来に向けて、このプログラムの今後の方向性、読者の皆様の身近な、成果の実社会への貢献について伺ってまいりたいと思います。

このプログラムは、この書籍が出版された年が、プログラム5年間の最終年度になり、読者の皆様が、この書籍を読まれている時点では、終了へ向かっての最終活動を実施しているか、すでに終了して、身近に、その成果が活用できる状況になっているものと思います。成果については、これまでの章で詳しく記載されてきていると思いますが、マネジメントサイドから付け加えたいことを伺いたいと思います。

特に、国のプロジェクトは、終了時点では、「今後の社会での成果に期待する」的な「期待感」で成功という例がよく見られます。一方このプログラムでは、拠点の構築もすでに一部進んでおり、いわゆる社会実装としては、これまでの国のプロジェクトでは見られない、プログラム進行中に社会への実装という「成功」の実証も見られており、成功を「前出し」しているとも思えます。終了後の期待はどうでしょうか。

西田　社会実装につきましては、東芝の量子暗号通信の事業化ですとか、京都大学のフォトニック結晶レーザー等、一部の参加メンバーが先行して大きな成果を上げていただいたことで非常に高い評価につながったと思っています。

これにつきましても、2人のサブPDの貢献は非常に大きくて、量子暗号通信においては佐々木サブPDが、量子ICTフォーラムや内閣官房の量子技術イノベーション会議などで指導的な活動を行いました。また、レーザー加工と光電子情報処理では安井サブPDが2年目に社会実装バックキャスト検討分科会を立ち上げるなどで、どちらかというとR&D主体の参加メンバーに成果を事業化するための意識改革を行っています。また、海外の機関との密接な関係の構築によるSIP成果の海外展開の素地を作ったりしたことが非常に大きかったと思います。

現在、SIP第2期の最終年度で各参加メンバーの成果を社会実装するための営業人材をアサインする形で、拠点整備を着々と進めています。しかしながら、企業がSIP成果の製品化、事業化を通じて社会実装をすればオーケーかというと、そうではありません。SIPの最終目標は成果の社会実装を大きく展開するための投資を企業から引き出すことであると考えています。例えば、国がSIPに1000億円投じたとすると企業からは2000億円の投資を引き出すことができれば、SIP事業が成功したと言えるのではないかと思います。このために、最終年度は、SIP成果のさらなる大きな転換を目指して、プログラムの参加メンバーの大学・研究機関側から有力企業のR&D部門ではなくて、事業部門にアウトリーチすることに重点を置いた活動をすることにしています。

これまでのプログラム側と企業側の担当者レベルの連携に加えて、私とサブPDも加わって、企業幹部と懇談する取り組みも進行中です。すでに、いくつかの大学・研究機関側と複数の大手企業の事業部長、CTOレベルと打ち合わせを行い、連携に前向きな発言をいただきました。この取り組みをさらに積極的に進める計画でいます。

安井　このプログラムを開始したときに、例えばレーザー加工は、半導体市場を最初に狙い、次に自動車、そして最後はエネルギーと説明したのですが、世間の見方とのずれもあり、やや冷ややかな反応であったかと思います。しかし、現在の終了時点では、まさに、これらの分野が、国の重要市場となってきており、冷ややかな反応に負けずに、正しい見識を磨き上手に伝えていく必要性も実感しました。

同様に、量子技術も、開始時点では、必ずしも、特に企業サイドは熱い状況ではありませんでした。

しかし、今や、量子計算は大きな話題であり、量子通信も、早晩、各企業からの要望が見込まれると見ています。
こういった情勢下で、社会インフラを中心に展開されてきた佐々木さんは、今後の我が国の量子戦略をどう見ておられるでしょうか。

佐々木　SIP第2期が始まったとき、実装をどこまでするのかについてわかっていませんでした。しかし、1年目の後半~2年目に入るあたりからかなり急速に固まってきて、SIP第2期が、量子技術分野の産業化に向けた大きな転換点となっていきました。

そういった中で、量子ICTフォーラムの一般社団法人化やQ-STARの立ち上げ等、予想を超える動きがありました。そういった中でSIPでは、東芝の量子暗号技術の事業化や、レーザー加工の分野においてはフォトニック結晶や東大のTACMIコンソーシアム等、その分野で先をいくような産業応用の展開があり、ユーザーとの共同実証も加速されたと思います。特にセキュリティ分野においては標準化が必須であり、日本が国際的な標準化をリードする話に重なっていくと思います。

SIP光・量子プログラムの最大の特徴は3つの課題から新たなサービスを生み出す取り組みが出てきていることだと思います。

京都大学・野田先生のフォトニック結晶レーザーの最適化について、光・情報処理の成果を活用して生み出された企業価値の高いデータを、光量子通信の開発した安全なネットワーク上でやり取りするといったような一気通貫の実証が今まさに行われておりま

す。
欧米、中国が、非常にこの分野において躍進をしていますが、分野融合で一気通貫の一つのサービスを扱っているプロジェクトは、SIP光・量子プログラムの他にないのではないかと思っています。
我が国は量子未来社会ビジョンを作りましたが、我々が小さいけれども一つの重要なモデルを提示できたのではないかと思っています。
第3期においては、こうしたモデルをいかに様々な分野にスケールアップしていくかという視点が重要になると思います。第2期の残りの期間で、我々もいけるところまでプロジェクトを推進し、きちんと成果を社会実装して、第3期に引き渡す重要な1年間にしたいと思っています。

光・量子プログラムの成果やノウハウを第3期プログラムへつなぐために

安井　佐々木さんから第3期へ向けての期待感も示されましたが、量子技術は第3期でも取り上げられ、また、デジタルツイン活用のサイバーフィジカルシステム、光関係の技術も、第3期の開発で活用いただけるものと思います。

特に第3期の皆様は、商用運営も狙うSIP光・量子拠点にとっては、「お客様」になるものと思います。そのお客様が、健全にプログラム運営を進められるということも願い、第3期の皆様や、類似のプログラムの運営を計画されている皆様に対して、マネジメントの面で、贈る言葉と言いますか、メッセージを、PD、サブPD、文科省、QST、内閣府からいただけないかと思います。まず、西田PDお願いいたします。

西田　我々の光・量子プログラムは、CPS化によるスマート製造実現のボトルネックを解消して、産業・社会の超スマート化や世界的な脱炭素への投資促進に貢献することを目指しています。我々が強みを持っているレーザー加工や光・量子通信、光電子情報処理の3つの分野の成果を融合させて、製造分野のCPS化手法を構築し、CPS化手法を将来的にモビリティ、エネルギーなどの分野に展開してSociety 5.0を実現することをビジョンとしてきました。

当然、このビジョンはこれまでの5年間で達成されるものではなくて、これからバトンタッチをしていくことになります。そして我々のプログラムを通じて5年間で創出された成果は、今後、各拠点から社会実装レベルで創出されることになります。

第3期のプログラムの課題候補を拝見したところ、量子技術の基盤をはじめとして、スマートエネルギーやスマートモビリティ等のテーマも挙げられています。今回の我々のプログラムの成果を活用して、モビリティやエネルギー分野のCPS化を効率的に行って、我々がビジョンとして描いていたSociety 5.0の具現化がSIP第3期で達成されることを大きく期待しております。今年がフィージビリティスタディと聞いておりますが、早い段階で我々とコンタクトを取っていただいて、我々の成果がSIP第3期にとって使いやすい形で提供できるようになればいいと考えています。

安井　ありがとうございます。次は佐々木サブPDからお願いしたいと思います。先ほど、一部先行して第3期への期待をいただいたかもしれませんが、付け加えることがあればよろしくお願いします。

佐々木　第3期は量子の技術で一つまとまったものが立ち上がって、コンピューティングから通信暗号、センシング等があるわけですけれども、正直私は危機感を持っています。まだ、量子技術が分野内で閉じていると思っており、SIP光・量子の第2期が立ち上がったときには、量子とレーザー加工がホチキス留めされているのを見て、私は誰がホチキス留めをしたのかと思っていました。マインドセットを変えるほどのインパクトがありました。

第3期へのメッセージとしては、課題間連携を積極的にやってほしいということです。課題間の会議体に安井さんのように課題間連携をごりごり推し進める人がいない場合は、内閣府から課題間連携を加点する等強制的に進める必要があると思います。私の役目としては、光・量子第2期においては、どのようにここまで進めてきたのかを伝えることと思っております。第3期においてもなんとか、少しでも産業化につなげたいと思っております。

安井　もう一人のサブPDの私からも付け加えたいと思います。

今、欧州では、Industry 4.0の次のIndustry 5.0の話が始まっているのですが、それが実現する社会は、まさに、Society 5.0です。Society 5.0は、このように、Industry 4.0よりも、先行した概念であり、欧州の人を含め海外の方はもともと理解されていて、最近、日本の有識者の中にも理解が進んでいます。

そして、このSIP光・量子プログラムが示したSociety 5.0実現のためのボトルネック解消技術は、まさに、今後の第3期での各分野でのSociety 5.0実現に必須のものです。このプログラムが予言し、見いだしたデジタル、半導体、量子技術市場も、まさに第3期の次の5年間に産業界が最も注力することになる分野ではないかと思います。

ぜひとも、第2期のSIP光・量子で構築中の Society 5.0 実現のための商用技術拠点を活用いただきたくお願いします。また、第3期の量子関係について付け加えますと、ぜひとも産業応用も重要視いただきたく思います。

先週、ドイツ・オランダを訪問し、フラウンホーファーなどの関連拠点の責任者を訪ね、SIP光・量子の商用拠点の宣伝と、互いのエコシステムの連結のための提案を行ってきました。その中から、世界が期待するSIP光・量子の成果活用という視点で、第3期への期待を追加したいと思います。

ドイツが以前から宣伝しているデジタル技術の製造への応用、レーザー加工のデジタル化への強い関心は、再確認しました。こちらは、広く活用いただけるものと思います。加えて、ドイツの喫緊の関心事に半導体不足があり、タクシーの運転手まで半導体について熱く語るのには驚きました。その先に、エネルギー問題があり、エネルギー問題は日本のヒートポンプ技術も解決に貢献できることから、欧州がどうやって取り組むかについて検討しているようで、SIP光・量子の方向性に、並々ならぬ関心をいただけたものと思います。

また、ドイツが得意な自動車産業のキーデバイスとなるフォトニック結晶レーザー光源を用いるLiDAR光源は世界の自動車産業が待望するものであることは改めて確認できました。国内の自動車産業の競争力の強化に貢献できるものと確信しましたので、こちらの応用も第3期の中ではお願いできればと思います。

最後に、SIP光・量子が、世界に先駆けて実施した、量子計算の産業応用事例について も、京都大学が早稲田大学、慶應義塾大学と連携して成し遂げた事例を紹介したところ、量子計算の産業応用は、欧州でまさに狙おうとしていた分野とのことで、やや驚きをもって捉えられました。早速、欧州からの連携提案も複数からいただいています。量子計算はアカデミア主導で進みがちですが、それに対しての危惧は共通認識であり、SIP光・量子の成し遂げたことに極めて高い関心をいただきましたので、こちらの流れも第3期で活用いただければと思います。

いずれにしろ、ぜひとも、グローバル視点で、かつSIP光・量子で奮闘してきた、予言実証型のマネジメントを期待したいと思います。

それでは、迫田室長お願いします。

迫田　量子分野といいますと、社会実装が遠いと思われてしまいがちですが、長期投資が必要な分野であるというふうに思っています。そういったときに、国内民間企業からの投資喚起が難しいということは、他の分野とも共通の課題でありましたが、本プロジェクトは、ショーケースとして、投資喚起につながるような取り組みをしていただけたというふうに思っています。そういった意味において、とても大きな研究成果を残していただいたと感じます。

特に、マネジメントや日々のコミュニケーション、チームワークが大きな成果につながったと感じています。先ほどから私も、皆様の心温まる絆を感じています。研究成果とともにノウハウについても、第3期で生かしていきたいと思っています。ですので、第2期と第3期の交流の場を設ける必要があるというふうに思っています。

量子未来社会ビジョンにおいては、量子技術の社会実装や産業化を強く意識していきます。こういったことを踏まえまして、第3期においては、量子コンピュータや量子ソフトウェア、量子センシングの3領域について、量子分野に閉じないような形で、ユースケースをユーザーサイドと連携しながら、AIや半導体等の異分野と連携しながらハイブリッドで探索および開発していくことを予定しております。

また、このような未開拓の事業を作っていく領域につきましては、スタートアップがキープレイヤーになるというふうに考えています。そういった意味におきましても、第3期ではスタートアップを意識して、どのようにスタートアップをインキュベーションするかということも、題目である研究開発とともに重視したいと思います。第2期においても、スタートアップの成長を促しましたけれど、引き続きノウハウを生かしながらスタートアップを育成していくということも検討していきたいと思っています。

しっかりとした社会ビジョンを策定し、プロジェクトとも連動しながら、第2期の研究成果とマネジメントを引き継ぎながら第3期を進めていきたいと思っておりますので今後ともご指導をお願いいいたします。

安井　ありがとうございます。内閣府・宮松様からいかがでしょうか。

宮松　量子技術は経済・社会に変革をもたらし、経済安全保障の観点からも重要な基盤技術です。

内閣府では、2020年1月に量子技術イノベーション戦略を策定し、2022年4月に量子技術による社会改革に向けた戦略として「量子未来社会ビジョン」を策定いたしました。この両輪で、政府は取り組みを推進することになります。本課題の成果を第3期に提案していただき、うまくプログラムを使ってこの取り組みを推進していただけるよう切に願っております。

また、本課題が高評価を得ていることは、3つのテーマが1つにまとまってCPSレーザー加工システムとして成果になっている点はもちろんですが、各テーマの個々においても非常に高い成果が出てきているというところもすばらしく、その成果が非常に見えやすくなってきているということ、社会実装のシナリオが明確に描かれているということも併せて高評価につながっているといわれています。

社会実装にしても、ゴールイメージを明確にすることで実現につながりますので、明確なゴールに向け、より具体的な取り組みを積み上げていくことが重要と思っています。

特に、第3期においても、そういうところやグローバルベンチマークをしっかりやったり、社会実装に向けたアウトリーチ活動をしたりすることは、研究開発から社会実装を一気通貫で行ううえでは非常に大切なことと思います。

安井　最後に岡村室長お願いします。

岡村　ＱＳＴは、２０２２年5月27日に次期ＳＩＰのフィージビリティスタディ（ＦＳ）のうち「先進的量子技術基盤の社会課題への応用促進」という次期ＳＩＰ課題候補の研究推進法人に指名されました。現在の「光・量子を活用したSociety 5.0 実現化技術」を踏まえた課題だと思います。「光」がとれ「量子」が前面にでており、国の「量子戦略」がより社会実装を目指すきっかけになり、すばらしい成果を上げられることを期待しております。

安井　ありがとうございました。それでは、司会を監修の尾木さんにお返ししたいと思います。

尾木蔵人氏

尾木　皆様ありがとうございました。マネジメントの現場活動の臨場感を共有できたように思えました。

この活動が今後の我が国の発展につながることを祈念して座談会を終了したいと思います。

以上

おわりに ——監修者から——

日本が目指す「超スマート社会」を実現するために、国家プロジェクトを通じて科学技術開発に取り組む最前線を、ここまで本書で紹介してきました。

ここで生み出されたイノベーションを産業や企業のビジネスで生かすことができれば、半導体などのスマート製造、自動運転やロボットなどのスマートモビリティをはじめ、多くの分野で日本経済や日本企業の成長に貢献できるのではないでしょうか。

日本はこの分野で、世界をリードする潜在力をもっていると確信します。

「イノベーションギャップをどうすれば埋めることができるのか？」という点が、本書のもう一つのテーマでした。

日本を代表する研究者たちが、自ら手を動かして、「ダーウィンの海を泳ぐ」その姿から、「日本の新しい夜明け」を予感しました。

第2章・国際シンポジウムのコラムで紹介したドイツ、オランダ、台湾のイノベーションギャップを埋める取り組みは、それぞれの国の産業構造、企業文化を反映してデザインされた〝仕組み〟です。

本書で紹介した研究者の方々が挑戦する拠点や社会実装の取り組みをパイロットケースとして、21世紀の社会システムにふさわしい〝新しい仕組み〟を、オールジャパンでしたたかにデザインし、一気に稼働させることが、今求められているのではないでしょうか。

＊　＊　＊

お忙しい中、書面インタビューにご対応いただいた研究者、専門家の方々にこの場をお借りして感謝します。

また、SIP「光・量子を活用したSociety 5.0実現化技術」のマネジメント座談会にご参加のうえ、書籍作成にご協力いただいた内閣府、文部科学省をはじめとする関係省庁の方々、西田直人プログラムディレクター、安井公治サブプログラムディレクター、佐々木雅英サブプログラムディレクター、研究推進法人の量子科学技術研究開発機構の岡村康行室長をはじめとするＳＩＰ推進室の皆さまには、本書の実現をご支援いただきました。特に本書の企画、監修段階では、安井公治サブプログラムディレクターに多くのアドバイスをいただいたほか、資料のまとめなどで、ＳＩＰ推進室の水牧美智子氏に全面的にご協力いただきました。この場を借りて、御礼申し上げます。

今回、東洋経済新報社のご理解を得て、本書をまとめることができました。構想段階からご支援いただいた清末真司氏、向笠公威氏に感謝します。

世界をリードする科学技術が支える明るい日本の未来が実現されることを祈ります。

２０２２年12月

三菱ＵＦＪリサーチ＆コンサルティング　尾木蔵人

【監修者紹介】
尾木蔵人（おぎ　くらんど）
三菱UFJリサーチ&コンサルティング株式会社　国際アドバイザリー事業部副部長
1985年 東京銀行（現・三菱UFJ銀行）入行。ドイツ、オーストリア、ポーランド、UAE、英国に合わせて14年駐在。日系企業の海外進出支援に取り組み、2005年ポーランド日本経済委員会より表彰。日本輸出入銀行（現・国際協力銀行）出向。2014年4月より現職。
企業活力研究所ものづくり競争力研究会 委員、日本経済調査協議会 カーボンニュートラル委員会 主査。経済産業省ものづくり分野における人工知能技術の活用に関する研究会副主査（2017～18年）。元ドイツ連邦共和国 ザクセン州経済振興公社 日本代表部代表。著書に『決定版インダストリー 4.0』『2030年の第4次産業革命』（東洋経済新報社）がある。

【三菱UFJリサーチ&コンサルティングについて】
三菱UFJフィナンシャル・グループ（MUFG）のシンクタンク・コンサルティングファームとして、東京・名古屋・大阪を拠点に、国や地方自治体の政策に関する調査研究・提言、民間企業向けの各種コンサルティング、経営情報サービスの提供、企業人材の育成支援、マクロ経済に関する調査研究・提言など、幅広い事業を展開している。顧客が直面している課題に対し、ベスト・ソリューションを提供するとともに、次世代の新しい社会を拓く提言・提案を積極的に実施。インフルエンシャルなシンクタンク・コンサルティングファームとして高い評価を得ている。

「超スマート社会」への挑戦
日本の光・量子テクノロジー開発最前線

2023年 2 月 9 日発行

監修者――尾木蔵人
発行者――田北浩章
発行所――東洋経済新報社
〒103-8345　東京都中央区日本橋本石町1-2-1
電話＝東洋経済コールセンター　03(6386)1040
https://toyokeizai.net/

DTP・図版…………アスラン編集スタジオ
装丁・デザイン……小口翔平＋畑中茜＋須貝美咲（tobufune）
印刷・製本…………近代美術

ISBN 978-4-492-96219-0